Office 办公自动化教程

主　编　张培培　吴红霞

哈尔滨工程大学出版社
Harbin Engineering University Press

内 容 简 介

本书主要介绍 Word、Excel 及 PowerPoint 软件的相关操作:第 1~3 章主要讲授 Word 操作,包括 Word 的文档规范化操作、文档美化操作和批量制作;第 4~7 章主要讲授 Excel 操作,包括 Excel 的数据编辑操作、数据计算与统计操作、数据分析操作及数据可视化操作;第 8~9 章主要讲授 PowerPoint 操作,包括 PowerPoint 的静态效果设置和动态效果设置。本书通过分析问题、设计问题、操作实践三步走的形式,使读者对 Office 软件的相关操作有一个更为全面的认识;各章配有综合案例视频,方便读者实践学习。

本书可作为高校或其他培训机构 Office 应用的教学用书,还可以作为计算机等级考试及自学者的参考书籍。

图书在版编目(CIP)数据

Office 办公自动化教程/张培培,吴红霞主编. —
哈尔滨 : 哈尔滨工程大学出版社,2022.7
ISBN 978 – 7 – 5661 – 3603 – 9

Ⅰ. ①O… Ⅱ. ①张… ②吴… Ⅲ. ①办公自动化 – 应用软件 – 教材 Ⅳ. ①TP317.1

中国版本图书馆 CIP 数据核字(2022)第 116912 号

Office 办公自动化教程
Office BANGONG ZIDONGHUA JIAOCHENG

选题策划	刘凯元
责任编辑	刘凯元
封面设计	李海波

出版发行	哈尔滨工程大学出版社
社 址	哈尔滨市南岗区南通大街 145 号
邮政编码	150001
发行电话	0451 – 82519328
传 真	0451 – 82519699
经 销	新华书店
印 刷	哈尔滨午阳印刷有限公司
开 本	787 mm × 1 092 mm 1/16
印 张	16.5
字 数	412 千字
版 次	2022 年 7 月第 1 版
印 次	2022 年 7 月第 1 次印刷
书 号	ISBN 978 – 7 – 5661 – 3603 – 9
定 价	60.00 元

http://www.hrbeupress.com
E – mail:heupress@ hrbeu.edu.cn

办公自动化是将现代化办公和计算机技术结合起来的一种新型的办公方式,其不仅可以实现办公事务的自动化处理,还可以极大地提高个人或群体办公事务的工作效率,为企业或部门机关的管理与决策提供科学的依据等。Office 是常用的办公软件之一,具有功能全面、运行稳健、开放性强、安全性高、易于上手等优点。

随着时代的发展,无论是对家庭用户还是对办公人员来说,Office 都是非常有用且必不可少的办公软件,但由于 Office 操作很繁杂,学起来并不容易。因此,本书将 Office 操作与实际办公自动化需求结合起来,对 Office 操作重新进行归类;在介绍 Office 办公自动化操作之前,先介绍相关的概念和意义,使读者感受 Office 的价值,在愿意进行下一步学习的情形下,有目的地进行实践操作;通过分析问题、设计问题、操作实践三步走的形式,使读者对 Office 的相关操作有更全面的认识。

本书对 Office 操作的讲解主要涉及 Word、Excel 及 PowerPoint。第 1 ~ 3 章主要讲授 Word 操作,包括 Word 的文档规范化操作、美化操作和批量制作。通过本部分的学习,读者不仅能掌握 Word 操作技巧,还能领悟到文档规范化、文档美化和文档批量制作在文档处理中的重要意义。

第 4 ~ 7 章主要讲授 Excel 操作,包括 Excel 的数据编辑操作、数据计算与统计操作、数据分析操作及数据可视化操作。通过本部分的学习,读者不仅能够掌握 Excel 操作技巧,还能领悟到利用 Excel 工具不仅可以制作数字表格,还可以在不编程的情形下,对复杂问题进行公式计算,帮助用户以更为灵活、交互性更强的方式进行数据分析,以获取更为丰富的信息,使数据以更加生动、更易被理解的方式展示出来。

第 8 ~ 9 章主要讲授 PowerPoint 操作,包括 PowerPoint 的静态效果设置和动态效果设置。通过本部分的学习,读者不仅能够掌握 PowerPoint 的操作技巧,还能领悟到利用 Power-Point 不仅可以制作美观大方的静态演示文稿,还可以制作生动、富有感染力的动态演示文稿。

本书由张培培、吴红霞担任主编。张培培主要负责 Word 部分和 PowerPoint 部分的内容,吴红霞主要负责 Excel 部分内容。全书由张培培负责统稿和定稿。华北理工大学的康

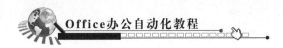

家豪、李子怡、徐怡彤、王梅霞、吕硕、杨贾鹏、杨照宇、张馨予、张建宇和王可心等为案例和资料的搜集做了大量工作,在此一并表示感谢。

本书每章配有多媒体课件,每章的综合案例配有操作视频,便于读者学习。

由于编者水平有限,书中疏漏之处在所难免,希望广大读者批评指正,并为本书提出宝贵意见。

案例文档

编　者

2022 年 3 月

第1章 Word 文档规范化操作

Word 文档
规范化操作

本章介绍 Word 文档规范化操作,主要包括标题、正文、页眉、页脚和目录规范化操作。通过本章的学习,读者不仅能够加深理解文档规范化在办公软件处理中的重要性,而且能够善于利用 Word 工具,方便、快捷地完成文档规范化的工作,在提高读者文档规范化意识的同时,也提高了读者办公事务的处理能力。

1.1 概念及意义

1.1.1 文档格式规范化的定义

规范化是在经济、技术、科学和管理等社会实践中,对重复性事物或概念,通过制定、发布和实施规范、规程和制度等,达到统一的过程。规范化的目的就是获得最佳的秩序和最优的社会效益。

在文档操作中,文档格式的规范化是非常重要的操作。文档格式规范化就是对文档制定统一的规范标准,使单个文档内部或多个文档的格式达到统一。如毕业设计论文、说明书、书籍等都有严格的格式规范化标准。

1.1.2 文档格式规范化的意义

对文档进行规范化操作,具有重要意义,主要体现在:

①对于单个文档,使用 Word 文档格式规范化,可以使文档整洁而美观。尽管只是一个文档,但其内容中也可能包含多个章节,一个规范化的文章,其各章节的标题、正文应该样式一致,段落、缩进等要求一致,这样才能更方便读者的阅读,方便其理解文档的书写内容。

②对于多个文档,使用 Word 文档格式规范化,可以方便文档管理。如毕业设计文档的格式,应当符合一定的规范,由于毕业设计文档是要给专家、读者进行阅读的,只有格式规范的文档,才能方便信息的交流和理论的学习。再比如一些书籍,也是需要规范化之后才能出版的,还有像一些公文的发表也要符合一定的规范,不符合规范的公文就失去了效力。

1.2 主要内容

尽管文档规范化操作的应用情景有很多,但其规范的操作大体可以分为标题、正文的规范化,页眉、页脚的规范化及目录的规范化操作。

1.2.1　标题、正文的规范化

标题是标明文章、作品等内容的简短语句,一般分为一级标题、二级标题等。Word中共有九级标题。每级标题的字体格式、字体大小及缩进等样式是不一样的。首先,需要确定文章中各级标题的样式,再根据该样式对文档标题进行统一化的过程就是标题规范化过程。标题的规范化可以使文档的结构更加清晰、明了。

正文是相对于标题而言的,在文档中除了标题,剩下部分就是正文。正文的规范化包括正文的字体格式、字体大小、缩进、段落等,正文中题注也需要设置样式,并进行规范化操作,如图1-1所示。

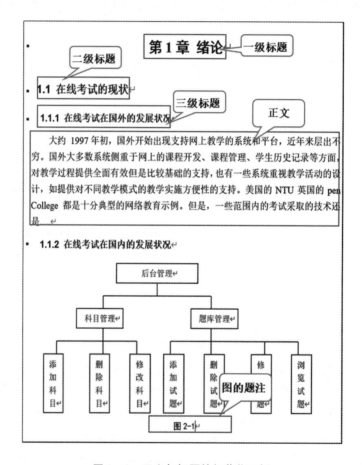

图1-1　正文与标题的规范化示例

1.2.2　页眉、页脚的规范化

页眉、页脚是对电子文本等多种文字文件载体的特定区域位置的描述。一般页面的顶部区域为页眉、底部区域为页脚,如图1-2所示。页眉、页脚常常用于显示文档的附加信息,可在其中插入文本或图形,内容可以是段落名称、文档标题、页码、日期、作者等。

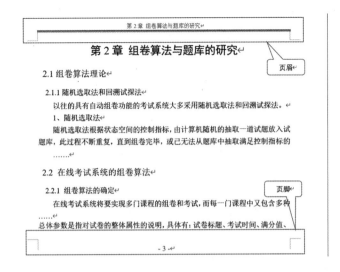

图 1 - 2　页眉、页脚效果

1.2.3　目录的规范化

目录是指为实现"按名存取",必须建立文件名与辅存空间中物理地址的对应关系,体现这种对应关系的数据结构称为目录。如图 1 - 3 所示,Word 文档根据文档标题所在页码生成了目录。关于目录的规范化操作主要包括:①目录的生成。Word 应用中有目录功能,这个功能可以帮助用户自动添加每页的目录,省去了用户每页进行添加的操作。②目录的样式修改。有些论文中对目录的格式有要求,这时我们就不能使用 Word 提供的目录样式,需要自定义。

图 1 - 3　目录效果

1.3　标题、正文规范化操作

1.3.1　使用样式实现

样式操作是指将一组已定义好的字符、段落等格式,应用于文档中的标题、正文等文本元素中,使得所选定的文本元素具有该样式所定义的格式。其目的是使文本格式的编辑工作变得更加地轻松和快捷。样式操作内容主要包括应用样式、编辑样式和管理样式。

1.3.1.1　应用样式

样式操作的首要任务是利用样式实现文本格式的编辑。其方式主要有"快速样式库""样式任务窗格"和"样式集"。

1.利用"快速样式库"

①在文档中选择要应用样式的文本段落,或将光标定位于某一段落中。

②在"开始"选项卡上的"样式"选项组中单击"其他"按钮,打开如图1-4(a)所示的"快速样式库"下拉列表。

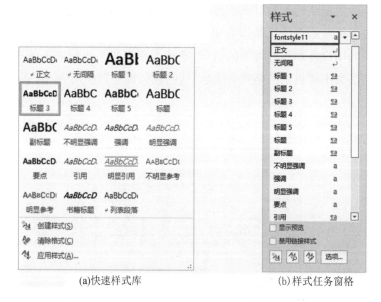

(a)快速样式库　　　　　　　(b)样式任务窗格

图1-4　快速样式库与样式任务窗格

③在下拉列表中的各种样式之间滑动鼠标,所选文本就会自动呈现出当前样式应用后的视觉效果。单击某一样式,该样式所包含的格式就会被应用到当前所选文本中。

2.利用"样式任务窗格"

①在文档中选择要应用样式的文本段落,或将光标定位于某一段落中。

②在"开始"选项卡上的"样式"选项组中单击右下角的"对话框启动器",打开如图1-4(b)所示的"样式"任务窗格。

③在"样式"任务窗格的列表框中选择某一样式,即可将该样式应用到当前段落中。

3. 利用"样式集"

除了单独为选定的文本或段落设置样式外,Word 内置了许多经过专业设计的样式集,每个样式集都包含了一整套可应用于整篇文档的样式组合。只要选择了某个样式集,其中的样式组合就会自动应用于整篇文档,从而完成文档中的所有样式设置。应用样式集的操作方法如下:

①首先使文档中的文本应用 Word 内置样式,如标题文本应用内置标题样式。

②在"设计"选项卡上的"文档格式"选项组中单击"其他"按钮,打开样式集列表,如图 1 - 5 所示。

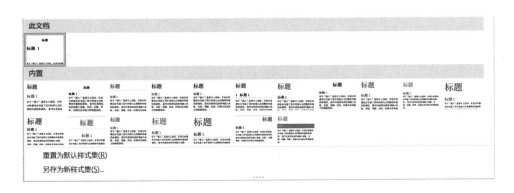

图 1 - 5　样式集列表

③从样式集列表中,单击选择某一样式集,如"线条(时尚)",该样式集中包含的样式设置就会应用于当前文档中。

1.3.1.2　编辑样式

当系统给出的样式不是用户想要的格式时,用户需通过样式的编辑工作,来获取自己想要的格式。编辑样式主要包含两部分内容,一是修改已有样式,二是创建新样式。

1. 修改已有样式

修改样式有以下两种方法。

方法 1:直接修改样式。

①点击"开始"选项卡,选择"样式"选项组,单击右下角的"对话框启动器"。

②将光标指向要修改的样式,单击右键,选择"修改选项",如图 1 - 6 所示。

图1-6　选择样式进行修改

③进入"修改样式"对话框后,点击左下角的格式按钮,选择想要修改的内容进行修改,如图1-7所示。

图1-7　选择要修改的格式

方法2:更新样式。

①将部分内容修改为需要的格式。

②选中该部分内容,在样式对话框中,右键单击其所使用的样式,单击选择"更新＊＊以匹配所选内容",如图1－8所示。

图1－8　更新样式

2. 创建新样式

①将鼠标光标定位到要创建样式所依据的段落上,选择的位置应该和所要新建的样式格式最为接近,例如要在"正文"样式的基础上创建首行缩进两个字符的新样式,则光标应定位在某个"正文"样式段落中。

②在"开始"选项卡上的"样式"选项组中单击"其他"按钮,在下拉列表中单击"创建样式"命令。

③打开如图1－9所示的"根据格式设置创建新样式"对话框,在"名称"文本框中输入新样式的名称,例如"中文正文"。

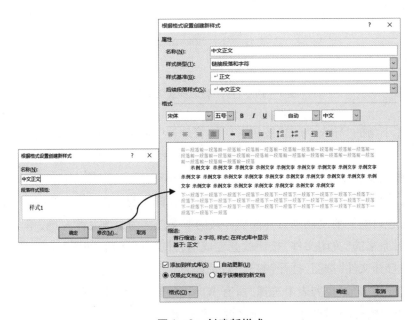

图1－9　创建新样式

④单击"修改按钮",打开修改样式对话框。在该对话框中可对样式的类型及其格式做

进一步修改。

⑤修改完成后,单击"确定"按钮,新定义的样式会出现在快速样式库中以备调用。单击"样式"任务窗格左下角的"创建样式"按钮,可以直接创建新样式。

1.3.1.3 管理样式

在样式操作的任务中如果需要使用其他模板或文档的样式,可以将其复制到当前的活动文档或模板中,而不必重复创建相同的样式。其具体操作步骤如下:

①打开需要接收新样式的目标文档,在"开始"选项卡上的"样式"选项组中单击"对话框启动器"按钮,打开"样式"任务窗格。

②单击"样式"任务窗格底部的"管理样式"按钮,打开"管理样式"对话框,如图1-10所示。

图1-10 打开"管理样式"对话框

③单击左下角的"导入/导出"按钮,打开"管理器"对话框中的"样式"选项卡。在该对话框中,左侧区域显示的是当前文档中所包含的样式列表,右侧区域所显示的是Word默认文档模板中所包含的样式。

④此时,可以看到右边的"样式位于"下拉列表框中显示的是"Normal. dotm(共用模板)",而不是包含有需要复制到目标文档样式的源文档。为了改变源文档,单击右侧的"关闭文件"按钮,原来的"关闭文件"按钮就会变成"打开文件"按钮,如图1-11所示。

⑤单击"打开文件"按钮,打开"打开"对话框。

⑥在"文件类型"下拉列表中选择"所有Word文档",找到并选择包含需要复制到目标文档样式的源文档后,单击"打开"按钮将源文档打开。

图1-11 "管理器"对话框中的"样式"选项卡

⑦选中右侧样式列表中所需要的样式类型,然后单击中间的"复制"按钮,即可将选中的样式复制到左侧的当前目标文档中。

⑧单击"关闭"按钮,结束操作。此时就可以在当前文档中的"样式"任务窗格中看到已添加的新样式。

如果目标文档或模板已经存在相同名称的样式,那么用户可以选择是否要用复制的样式来覆盖现有的样式。如果用户既想保留现有的样式,同时又想将其他文档或模板的同名样式复制出来,则应该在复制前对样式进行重命名。

在图1-10所示的"管理样式"对话框中,还可以对样式进行其他管理,如新建或修改样式、删除样式、改变排列顺序、设置样式的默认格式等。

1.3.2 使用分页、分节、分栏实现

在正文规范化工作中,经常会遇到多样化排版问题,如章与章之间要进行换页、章与章之间的页眉要不同,甚至部分内容要分两列显示。这时候需要利用分页、分节、分栏等功能操作,进行文档排版规范化操作,其目的是使文档的版面更加多样化,文档的布局更加合理有效。

1.3.2.1 分页

在正文排版布局的过程中,如果遇到将文档内容从中间划分为上下两页,这时需要进行分页操作。其操作步骤如下:

①将光标置于需要分页的位置。

②在"布局"选项卡上的"页面设置"选项组中单击"分隔符"按钮,打开如图1-12所示的分隔符选项列表。

③单击"分页符"命令区域中的"分页符"按钮,即可将光标后的内容布局到新的一个页面中,分页符前后页面设置的属性及参数均保持一致。

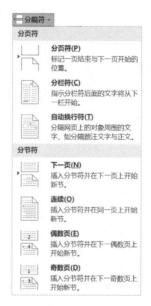

图 1-12　分隔符选项列表

1.3.2.2　分节

默认方式下,Word将整个文档视为一节。当插入分节符将文档分成几节后,可以根据需要设置每节的页面格式。如将每一章分为一个节后,可以为每一章设置不同的页眉和页脚。插入分节符的操作步骤如下:

①将光标置于需要分节的位置。

②在"布局"选项卡上的"页面设置"选项组中单击"分隔符"按钮,打开分隔符选项列表。分节符的类型共有4种:

a.下一页。分节符后的文本从新的一页开始,也就是分节的同时分页。

b.连续。新节与其前面一节同处于当前页中,也就是只分节不分页,两节处于同一页中。

c.偶数页。分节符后面的内容转入下一个偶数页,也就是分节的同时分页,且下一页从偶数页码开始。

d.奇数页。分节符后面的内容转入下一个奇数页,也就是分节的同时分页,且下一页从奇数页码开始。

③单击选择其中的一种分节符后,在当前光标位置会插入一个分节符。

1.3.2.3　分栏

有时候会觉得文档一行中的文字太长,不便于阅读,此时就可以利用分栏功能将文本分为多栏排列,使版面的呈现更加生动。在Word文档中设置多栏的分栏操作步骤如下:

①在文档中选择需要分栏的文本内容。如果不选择,将对整个文档进行分栏设置。

②在"布局"选项卡上的"页面设置"选项组中单击"分栏"按钮。

③从弹出的下拉列表中,选择一种预定义的分栏方式,以迅速实现分栏排版,如图1-13(a)所示。

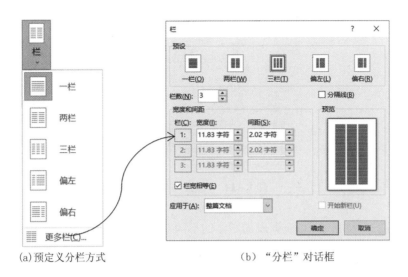

(a)预定义分栏方式　　　　　　　　（b）"分栏"对话框

图 1 – 13　将文档内容分栏显示

④如需对分栏进行更为具体的设置,可以在弹出的下拉列表中执行"更多分栏"命令,打开如图 1 – 13(b)所示的"分栏"对话框,进行以下设置:

a. 在"栏数"微调框中设置所需的分栏数值。

b. 在"宽度和间距"选项区域中设置栏宽和栏间的距离,只需在相应的"宽度"和"间距"微调框中输入数值即可改变栏宽和栏间距。

c. 如果选中了"栏宽相等"复选框,则在"宽度和间距"选项区域中自动计算栏宽,使各栏宽度相等。如果选中了"分隔线"复选框,则在栏间插入分隔线,使得分栏界限更加清晰、明了。

d. 若在分栏前未选中文本内容,则可在"应用于"下拉列表框中设置分栏效果作用的区域。

⑤设置完毕,单击"确定"按钮即可完成分栏排版。

如果需要取消分栏布局,只需在"分栏"下拉列表中选择"一栏"选项即可。

1.3.3　使用其他方法实现

在正文规范化工作中,还会遇到给图表、表格、公式或其他对象添加编号的情况。题注是为文档中的图表、表格、公式或其他对象添加的编号。利用题注的规范化工具,可以对文档中的图表、表格、公式的编号批量地进行编辑,不必逐一进行调整。

1.3.3.1　插入题注

在文档中定义并插入题注的操作步骤如下:

①在文档中定位光标到需要添加题注的位置,例如一张图片下方的说明文字之前。

②在"引用"选项卡上单击"题注"选项组中的"插入题注"按钮,打开如图 1 – 14 所示的"题注"对话框。

图 1-14　"题注"对话框

③在"标签"下拉列表中,根据添加题注的不同对象选择不同的标签类型。

④单击"编号"按钮,打开如图 1-15(a)所示的"题注编号"对话框,在"格式"下拉列表中可重新指定题注编号的格式。如果选中"包含章节号"复选框,则可以在题注前自动增加标题序号(该标题应已经应用了内置的标题样式),单击"确定"按钮完成编号设置。

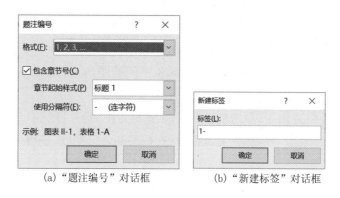

(a)"题注编号"对话框　　(b)"新建标签"对话框

图 1-15　自定义题注标签

⑤如果预设的标签不符合需要,可以单击"题注"对话框中的"新建标签"按钮,打开如图 1-15(b)所示的"新建标签"对话框,在"标签"文本框中输入新的标签名称后,单击"确定"按钮。

⑥所有的设置均完成后,在"题注"对话框中单击"确定"按钮,即可将题注添加到相应的文档位置。

1.3.3.2　交叉引用题注

在编辑文档的过程中,经常需要引用已插入的题注等,在文档中引用题注的操作方法如下:

①首先在文档中插入题注,然后将光标定位于需要引用题注的位置。

②在"引用"选项卡上,单击"题注"选项组中的"交叉引用"按钮,打开"交叉引用"对话框。

③在该对话框中,选择引用类型、设定引用内容,指定所引用的具体题注。

④单击"插入"按钮,在当前位置插入交叉引用,如图1－16所示。

图1－16 "交叉引用"对话框

交叉引用是作为域插入文档中的,当文档图表中的某个题注发生变化后,只需要进行一下打印预览或者选中整个文档,按快捷键F9,文档中的其他题注序号及引用内容就会随之自动更新。

1.4 页眉、页脚规范化操作

前面介绍了标题和正文规范化的操作方法,下面介绍页眉、页脚规范化的操作方法。本节首先介绍页眉、页脚的基本操作,包括插入、删除的操作,然后介绍页眉、页脚的特殊操作,包括如何插入页码,如何创建首页不同的页眉、页脚,如何创建奇偶页不同的页眉、页脚等。

1.4.1 页眉、页脚的基本操作

1.4.1.1 插入页眉、页脚

插入页眉与插入页脚的操作方法十分相似,下面以页眉为例,介绍其插入步骤。具体如下:

①单击"插入"选项卡,在"页眉和页脚"项组中单击"页眉"按钮。

②在打开的"页眉库"列表中以图示的方式罗列出许多内置的页眉样式,如图1－17所示,从中选择一个合适的页眉样式,例如"边线型",所选页眉样式就被应用到文档中的每一页。

③在页眉位置输入相关内容并进行格式化。

图 1-17　选择页眉样式

　　同样,在"插入"选项卡上的"页眉和页脚"选项组中单击"页脚"按钮,在打开的内置"页脚库"列表中可以选择合适的页脚设计,即可将其插入整个文档中。

　　在文档中插入页眉或页脚后,会自动出现"页眉和页脚工具"中的"设计"选项卡,通过该选项卡可对页眉或页脚进行编辑和修改。单击"关闭"选项组中的"关闭页眉和页脚"按钮,即可退出页眉和页脚编辑状态。

　　在页眉或页脚区域中双击鼠标,即可快速进入页眉或页脚。

1.4.1.2　删除页眉、页脚

删除文档中页眉的操作步骤如下:

①单击文档中的任意位置以定位光标,在功能区中单击"插入"选项卡。

②在"页眉和页脚"选项组中单击"页眉"按钮。

③在弹出的下拉列表中执行"删除页眉"命令,即可将当前节的页眉删除。

　　与删除页眉类似,在"插入"选项卡上的"页眉和页脚"选项组中单击"页脚"按钮,在弹出的下拉列表中执行"删除页脚"命令,即可将当前节的页脚删除。

1.4.2　页眉、页脚特殊操作

1.4.2.1　插入页码

　　Word 提供了一组预设的页码格式,也可以自定义页码格式。利用插入页码功能插入的实际是一个域而非单纯数字,因此页码是可以自动变化和更新的。

1.插入预设页码

①在"插入"选项卡上单击"页眉和页脚"选项组中的"页码"按钮,打开可选位置下拉列表。

②光标指向希望页码出现的位置,如"页边距",会出现预置页码格式列表,如图1-18所示。

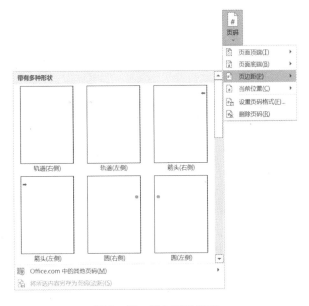

图1-18 插入预设页码

③从中单击选择某一页码格式,页码则以指定格式插入指定位置。

2. 自定义页码格式

①在文档中插入页码,将光标定位在需要修改页码格式的节中。

②在"插入"选项卡上,单击"页眉和页脚"选项组中的"页码"按钮,打开下拉列表。

③单击其中的"设置页码格式"命令,打开如图1-19所示的"页码格式"对话框。

图1-19 在"页码格式"对话框中设置页码格式

④在"编号格式"下拉列表中更改页码的格式,在"页码编号"选项区中可以修改某一节的起始页码。

⑤设置完毕后,单击"确定"按钮。

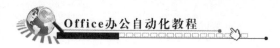

1.4.2.2 创建首页不同的页眉、页脚

如果希望文档中某节的首页页面的页眉和页脚与其他章节不同,可以按照如下方法操作:

①双击文档中该节的页眉或页脚区域,功能区自动出现"页眉和页脚工具|设计"选项卡,如图1-20所示。

图1-20 "页眉和页脚工具|设计"选项卡

②在"选项"选项组中单击选中"首页不同"复选框,此时文档首页中原先定义的页眉和页脚就被删除了,可以根据需要重新设置首页页眉和页脚。

1.4.2.3 创建奇偶页不同的页眉、页脚

有时一个文档中奇偶页需要使用不同的页眉或页脚。例如,毕业设计(论文)的奇数页页眉可以设置为学校名称,偶数页页眉可以设置为章节标题。创建奇偶页具有不同页眉或页脚的操作步骤如下:

①双击文档中页眉、页脚区域,功能区中自动出现"页眉和页脚工具|设计"选项卡。

②在"选项"选项组中单击选中"奇偶页不同"复选框。

③分别在奇数页和偶数页的页眉或页脚上输入内容并格式化,就可以为奇数页和偶数页分别创建不同的页眉或页脚。

"页眉和页脚工具|设计"选项卡上提供了"导航"选项组,单击"转至页眉"或"转至页脚"可实现页眉和页脚区域的转换。如果文档已经分节,单击"上一节"或"下一节"可在不同节之间切换。

1.4.2.4 创建各节不同的页眉、页脚

当文档分为若干节时,可以为文档的各节创建不同的页眉或页脚,例如为一个长篇文档的目录与内容创建不同的页脚样式。具体操作步骤如下:

①先将文档分节,然后将鼠标光标定位在某一节中的某一页上。

②在该页的页眉或页脚区域中双击鼠标,进入页眉或页脚编辑状态。

③插入页眉或页脚内容并进行相应的格式化。

④在"页眉和页脚工具|设计"选项卡的"导航"选项组中单击"上一节"或"下一节"按钮进入其他节的页眉或页脚中。

⑤默认情况下,下一节自动接受上一节的页眉或页脚信息,如图1-21所示。在"导航"选项组中单击"链接到前一节"按钮,可以断开当前节与前一节中的页眉(或页脚)之间的链接,页眉和页脚区域将不再显示"与上一节相同"的提示信息,此时修改本节页眉和页脚信息不会再影响前一节的内容。

图 1-21　页眉和页脚在文档中不同节的显示

⑥编辑修改新节的页眉或页脚信息。在文档正文区域中双击鼠标即可退出页眉和页脚编辑状态。

如要在奇数页显示文档标题内容可做如下操作：

①在页眉区域双击鼠标，进入页眉和页脚编辑状态。

②在"页眉和页脚工具|页眉和页脚"选项卡上的"选项"组中，勾选"奇偶页不同"复选框。

③将光标移动到奇数页页眉位置，在"插入"选项卡上的"文本"组中单击"文本部件"按钮，从下拉列表中选择"域"命令，在弹出的"域"对话框中进行下列设置：在"类别"下拉列表中选择"链接和引用"；在"域名"列表中选择"StyleRef"；在中间的"样式名"列表中选择"一级标题"。设置完毕后单击"确定"按钮，如图 1-22 所示。

图 1-22　"域"对话框

④将奇数页页眉设置为居中对齐，效果如图 1-23 所示。

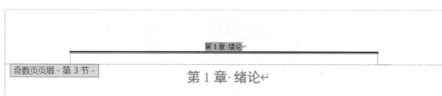

图 1 - 23　奇数页页眉效果

1.5　目录规范化操作

1.5.1　创建文档目录

1.5.1.1　利用目录库样式创建目录

Word 提供的内置"目录库"中包含多种目录样式可供选择,可代替编制者完成大部分工作,使得插入目录的操作变得异常快捷、简便。在文档中使用"目录库"创建目录的操作步骤如下:

①将鼠标光标定位于需要建立目录的位置,通常是文档的最前面。

②在"引用"选项卡上的"目录"选项组中单击"目录"按钮,打开目录库下拉列表,系统内置的"目录库"以可视化的方式展示了不同目录的编排方式和显示效果。

③如果事先为文档的标题应用了内置的标题样式,则可从列表中选择某一种"自动目录"样式,Word 就会自动根据所标记的标题在指定位置创建目录。如果未应用标题样式,则可通过单击"手动目录"样式,自行填写目录内容。

1.5.1.2　自定义目录

除了直接调用目录库中的现成目录样式外,还可以自定义目录格式,特别是在文档标题应用了自定义样式后,自定义目录变得更加重要。自定义目录格式的操作步骤如下:

①将鼠标光标定位于需要建立目录的位置,通常是在文档的最前面。

②在"引用"选项卡上的"目录"选项组中单击"目录"按钮。

③在弹出的下拉列表中选择"自定义目录"命令,打开如图 1 - 24(a)所示的"目录"对话框。在该对话框中可以设置页码格式、目录格式及目录中的标题显示级别,默认显示三级标题。

④在"目录"选项卡中单击"选项"按钮,打开如图 1 - 24(b)所示的"目录选项"对话框,在"有效样式"区域中列出了文档中使用的样式,包括内置样式和自定义样式。在样式名称旁边的"目录级别"文本框中输入目录的级别(可以输入 1 到 9 中的一个数字),以指定样式所代表的目录级别。如果希望仅使用自定义样式,则可删除内置样式的目录级别数字,例如删除"标题 1""标题 2""标题 3"样式名称旁边的代表目录级别的数字。

⑤当有效样式和目录级别设置完成后,单击"确定"按钮,关闭"目录选项"对话框。

(a)"目录"对话框　　　　　　　(b)"目录选项"对话框

图1-24　自定义目录项

⑥返回"目录"对话框后,可以在"打印预览"和"Web预览"区域中看到创建目录时使用的新样式设置。如果正在创建的文档将用于在打印页上阅读,那么在创建目录时应包括标题和标题所在页面的页码,即选中"显示页码"复选框,以便快速翻到特定页面。如果创建的是用于联机阅读的文档,则可以将目录各项的格式设置为超链接,即选中"使用超链接而不使用页码"复选框,以便读者可以通过单击目录中的某项标题转到对应的内容。最后,单击"确定"按钮完成所有设置。

1.5.1.3　更新目录

目录也是以域的方式插入文档中的。如果在创建目录后又添加、删除或更改了文档中的标题或其他目录项,可以按照如下操作步骤更新文档目录:

①在"引用"选项卡上的"目录"选项组中单击"更新目录"按钮;或者在目录区域中单击右键,从弹出的快捷菜单中选择"更新域"命令,打开如图1-25所示的"更新目录"对话框。

②在该对话框中选中"只更新页码"或"更新整个目录"单选按钮,然后单击"确定"按钮即可。

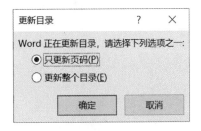

图1-25　"更新目录"对话框

1.5.2 创建图表目录

除了上面提到的为文档中的正文标题创建目录外,还可以为文档中的图片、表格及公式等对象创建属于它们的图表目录,这样便于用户从目录中快速浏览和定位到指定的对象。

在为图片和表格等对象创建图表目录之前,需要先为它们添加题注,图表目录就是根据题注而创建的。添加题注的方法在前面已经详细介绍过,此处不再赘述。如果文中有图片及表格等多类对象,应当为每类对象设置单独的题注标签,例如图片的标签为"图",表格的标签为"表",这样就可以为每类对象添加单独的图表目录。

添加图表目录的具体操作步骤如下:

① 在"引用"选项卡上的"题注"选项组中单击"插入表目录"按钮,打开"图表目录"对话框。

② 在该对话框中可以设置页码格式、目录格式及题注标签,如果文档中有多种图形,可根据每类标签分别插入图表目录。设置完成后,单击"确定"按钮,即可完成图表目录的创建,如图1-26所示。

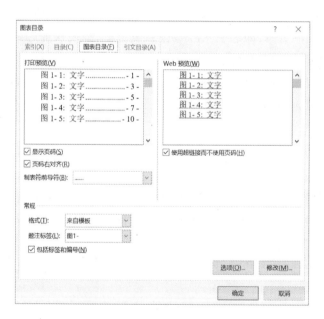

图1-26 "图表目录"对话框

1.6 综合案例

下面以学生毕业设计规范化操作为案例进行讲解。该案例包含了标题、正文、目录、页眉和页脚规范化操作。

1.6.1 案例介绍

1.6.1.1 正文和标题要求

1. 标题设置

①一级标题。用"第*章"表示,黑体,小二,加粗,居中,多倍行距2.41,段前17磅,段后16.5磅。

②二级标题。用"1.1"表示,宋体,四号,加粗,两端对齐,多倍行距1.73,首行缩进0.5字符,段前6磅,段后6磅。

③三级标题。用"1.1.1"表示,宋体,小四,加粗,两端对齐,多倍行距1.73,首行缩进1字符,段前4磅,段后4磅。

2. 正文设置

①正文。中文是宋体,英文是Times New Roman,小四,两端对齐,多倍行距1.25,首行缩进2字符。

②图的题注。格式为"图1-***",黑体,五号,居中,单倍行距,段后0.5字符,首行无缩进。

1.6.1.2 页眉和页脚要求

1. 摘要、Abstract、目录的页眉、页脚设置

①分别对论文的摘要、Abstract设置书写着"摘要"的页眉,如图1-27所示,目录页设置书写着"目录"的页眉。

摘 要

图1-27 页眉图示

②分别对论文的摘要、Abstract设置对应的页脚,页脚的样式为Ⅰ、Ⅱ、Ⅲ,居中。

2. 正文页眉、页脚设置

①正文中奇数页的页眉为"第*章***",居中,正文中的偶数页的页眉为专业+班级+学号+姓名,如"18信息管理与信息系统+1班+201800002301+张三",居中。

②页脚均为"-1-,-2-,…"样式。

1.6.1.3 目录要求

1. 目录标题

目录标题为黑体,小二,2倍行距,居中。

2. 目录内容

一级标题为黑体,小四,左对齐,左右缩进均为 0,多倍行距为 1.25;二级标题宋体,五号,左对齐,左缩进 0.37 厘米,单倍行距;三级标题宋体,五号,左对齐,左缩进0.74厘米,单倍行距。

以上案例的文档规范化要求如表 1 – 1 所示。

表 1 – 1 文档规范化要求

类别名称	操作名称	规范化要求
标题、正文规范化	样式设置	一级标题,用"第 * 章"表示,黑体,小二,加粗,居中,多倍行距 2.41,段前 17 磅,段后 16.5 磅
		二级标题,用"1.1"表示,宋体,四号,加粗,两端对齐,多倍行距 1.73,首行缩进 0.5 字符,段前 6 磅,段后 6 磅
		三级标题,用"1.1.1"表示,宋体,小四,加粗,两端对齐,多倍行距 1.73,首行缩进 1 字符,段前 4 磅,段后 4 磅
		正文,中文是宋体,英文是 Times New Roman,小四,两端对齐,多倍行距 1.25,首行缩进 2 字符
		题注,黑体,五号,居中,单倍行距,段后 0.5 字符,首行无缩进
	题注设置	格式为"图 1 – * * *"
页眉、页脚规范化	分节设置	摘要和 Abstract 是一小节,目录是一小节,正文是一小节
	摘要、Abstract、目录页	摘要、Abstract 页设置书写着"摘要"的页眉
		目录页设置书写着"目录"的页眉
		摘要、Abstract、目录页设置页脚,页脚的样式为 I、II、III,居中
	正文页	正文中的奇数页的页眉为"第 * 章 * * *",居中,正文中的偶数页的页眉为专业 + 班级 + 学号 + 姓名,如"18 信息管理与信息系统 + 1 班 + 201800002301 + 张三",居中
		页脚均为" – 1 – , – 2 – ,…"样式
目录规范化	目录标题	黑体,小二,2 倍行距,居中
	目录内容	一级标题,黑体,小四,左对齐,左右缩进均为 0,多倍行距为 1.25
		二级标题,宋体,五号,左对齐,左缩进 0.37 厘米,单倍行距
		三级标题,宋体,五号,左对齐,左缩进 0.74 厘米,单倍行距

1.6.2 流程设计(图1-28)

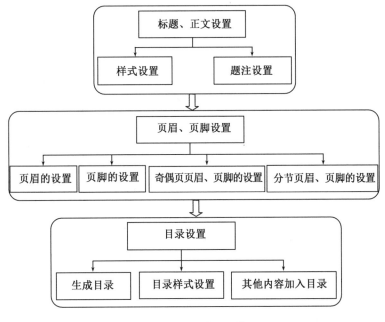

图1-28 流程设计

1.6.3 具体操作步骤

1.6.3.1 标题、正文规范化操作

1.样式设置

①点击"开始"选项卡的"样式"选项组,点击样式列表右下角按钮,在弹出对话框中点击"创建样式"按钮,如图1-29所示。

图1-29 样式列表

②在弹出"根据格式化创建新样式"对话框中点击"修改"按钮。

③在弹出的"修改样式"对话框中对名称、字体格式进行修改,如图 1－30 所示,并点击"格式"按钮,在弹出列表中,点击"段落"。

图 1－30 "修改样式"对话框

④在弹出的"段落"对话框中,对"对齐方式""缩进值""段前""段后"及"行距"信息进行修改,如图 1－31 所示。

图 1－31 "段落"对话框

以上便完成"一级标题"样式的创建,以此类推,创建二、三级及正文和题注的样式,具体设置如表1-2所示,其操作与"一级标题"一致。

表1-2　各样式要求列表

样式名称	样式要求
一级标题	黑体,小二,加粗,居中,多倍行距2.41,段前17磅,段后16.5磅
二级标题	宋体,四号,加粗,两端对齐,多倍行距1.73,首行缩进0.5字符,段前6磅,段后6磅
三级标题	宋体,小四,加粗,两端对齐,多倍行距1.73,首行缩进1字符,段前4磅,段后4磅
我的正文	宋体,小四,两端对齐,多倍行距1.25,首行缩进2字符
英文正文	Times New Roman,小四,两端对齐,多倍行距1.25,首行缩进2字符
图的题注	黑体,五号,居中,单倍行距,段后0.5字符,首行无缩进

根据创建好的样式,对文档进行规范化操作。选中内容,点击样式列表框的对应样式,具体如图1-32所示。

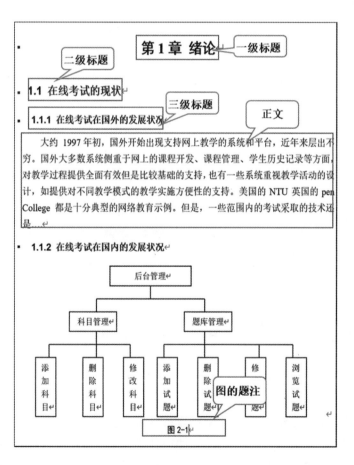

图1-32　应用样式的结果示例

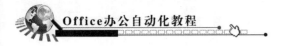

2.题注设置

①将光标停留在图的题注前面,点击"引用"选项卡,在"题注"选项组中点击"插入题注"按钮。

②在弹出的"题注"对话框中,点击"新建标签"按钮,弹出"新建标签"对话框,在标签文本框中,输入"图2 -",如图1 - 33所示,点击"确定"按钮。

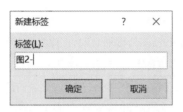

图1 - 33 "新建标签"对话框

③回到"题注"对话框,题注样式自动更新为新建的标签样式,点击"确定"按钮。

④此时,在图的题注前面自动添加了"图2 - 1"的题注。

⑤选中引用该图的文档处,点击"引用"选项卡,在"题注"选项组中点击"交叉引用"按钮,弹出如图1 - 34所示对话框,点击"引用类型",选择刚刚自定义的标签"图2 -",这时在"引用哪一个题注"列表中,出现"图2 - 1功能模块图",选中该题注,再在"引用内容"的下拉列表中,选择"仅标签和编号",点击"插入"按钮,则在引用该图的文档处,自动插入该题注。

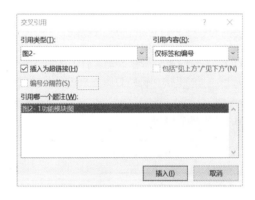

图1 - 34 "交叉引用"对话框

1.6.3.2 页眉、页脚设置

1.分节设置

将中文摘要页和英文摘要页设为一节,目录设为一节,正文设为一节。

①点击"文件"选项卡,在左侧导航中选择"选项",打开"Word 选项"对话框,勾选"显示所有格式标记",如图1 - 35所示。

图1-35 "Word选项"对话框

②在文章中,除了"英文摘要页"和"目录页"之间及"目录页"和"正文页"之间是"分节符"之外,将其他"分节符"更换为"分页符",如图1-36所示。

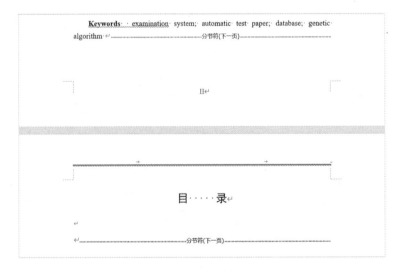

图1-36 分节符位置

2.摘要页、目录页的页眉设置

①将光标停留在"摘要"的页面上,点击"插入"选项卡,单击"页眉和页脚"选项组中的"页眉"按钮,这时文档的页眉处于编辑状态。

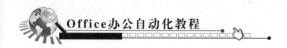

②在弹出内置样式列表中选择"空白",在页眉编辑处填写"摘要"两个字。由于之前已经进行了分节,所以"摘要"的页眉只会出现在中文摘要和英文摘要的页面。

③同样的操作应用到"目录"页,在页眉处输入"目录"两个字,"目录"的页眉只会出现在"目录"页面。

3.摘要页、目录页的页脚设置

①将光标停留在"摘要"的页面,点击"插入"选项卡,单击"页眉和页脚"选项组中的"页脚"按钮,在弹出框中点击"编辑"按钮,这时文档的页脚处于编辑状态。

②点击"页眉和页脚工具|页眉和页脚"选项卡,在"页眉和页脚"选项组中点击"页码"按钮,在弹出框中选择"当前位置",并选择"罗马"的样式,如图 1-37 所示。

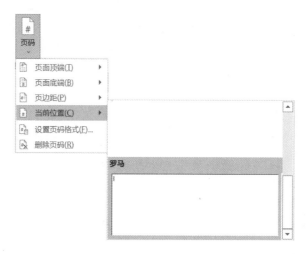

图 1-37 选择页码样式

③将光标停留在"目录"页面上,双击页脚,使页脚处于编辑状态,单击"页眉和页脚工具|页眉和页脚"选项卡,单击"导航"选项组中的"链接到前一节"按钮,在弹出对话框中,点击"是"按钮,此时,页脚出现"与上一节相同"的提示,并且页码也改为了罗马数字,如图 1-38所示。

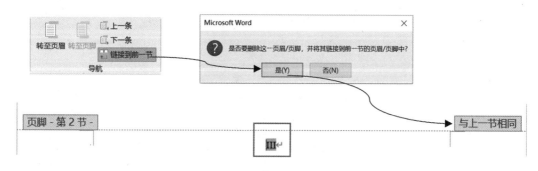

图 1-38 链接到前一节图示

4. 正文页眉、页脚设置

正文中的奇数页的页眉为"第 1 章　绪论",居中,页脚为"－1－,－2－,…"样式;正文中的偶数页的页眉为专业＋班级＋学号＋姓名,居中。

①将光标停留在"正文"页面上,双击页眉区域,页眉处于编辑状态。

②点击"页眉和页脚工具 | 页眉和页脚"选项卡,在"选项"选项组中单击选中"奇偶页不同"复选框。

③在奇数页的页眉上,点击"页眉和页脚工具 | 页眉和页脚"选项卡,在"插入"选项组中点击"文件部件"按钮,在下拉列表中点击"域"的选项,这时,弹出"域"的对话框,在左侧类别框中,选择"StyleRef"的选项,在右侧"样式名"中选择"一级标题"的样式,如图 1 – 39 所示。在奇数页的页眉会自动插入一级标题的内容,如在第 1 章,奇数页页眉为"第 1 章 绪论",在第 2 章,奇数页页眉为"第 2 章 组卷算法与题库的研究"。

图 1 – 39　插入"域"对话框

④在偶数页页眉上,输入学生信息,如"18 信息管理与信息系统 ＋1 班 ＋201800002301 ＋张三"。效果如图 1 – 40 所示。

图 1 – 40　奇数页、偶数页页眉图示

⑤鼠标停留在正文第一页的页脚位置,点击"页眉和页脚工具|页眉和页脚"选项卡,在"页眉和页脚"的选项组中,选择"页码",在下拉列表中,选择"设置页码格式"。

⑥在弹出"页码格式"对话框的"编号格式"下拉列表框中选中格式,起始页码选择为从第1页开始,如图1-41所示。

图1-41 页码格式对话框

⑦在"页眉和页脚"的选项组中,选择"页码",在下拉列表中,选择"当前位置",再在弹出列表中选择"普通数字"的样式,如图1-42所示。

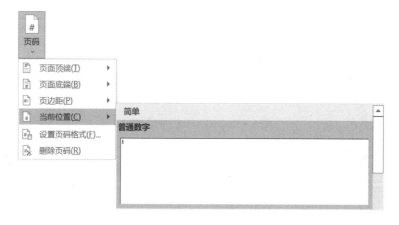

图1-42 选择页码样式

⑧因为刚才设置了"奇偶页不同",所以,在第二页的页脚同样在"当前位置"插入"普通数字"的页码,因此完成了正文的页码设置。

1.6.3.3 目录设置

①将光标停留在"目录"页面上,点击"引用"选项卡的"目录"选项组的"目录"按钮,在弹出的"内容"的下拉列表中点击"自定义目录"。

②在弹出的"目录"对话框中,点击"选项"按钮,弹出"目录选项"对话框,如图 1 - 43 所示,可自定义目录级别,从而实现更新目录显示内容的目标,点击"确定"完成设置。

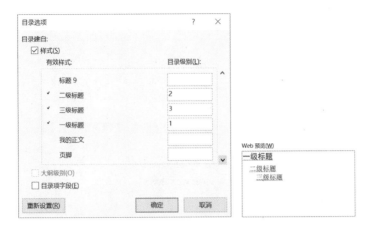

图 1 - 43　设置目录选项及其目录预览效果

③在"目录"对话框中,点击"修改"按钮,弹出"样式"对话框,如图 1 - 44 所示。

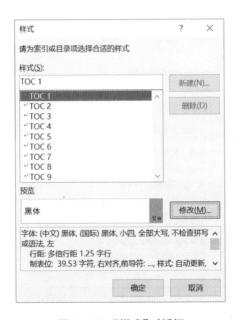

图 1 - 44　"样式"对话框

④在样式列表中,选中需要修改的级别,"TOC 1"是一级目录,"TOC 2"是二级目录,以此类推,点击"修改"按钮,弹出"修改样式"对话框,如图 1 - 45 所示。

⑤在"修改样式"对话框中,对该级别目录的字体样式进行修改,点击"确定"按钮。

⑥在弹出列表中,选择"段落",弹出"段落"对话框,对相关内容进行修改,如图 1 - 46 所示,点击"确定"按钮。

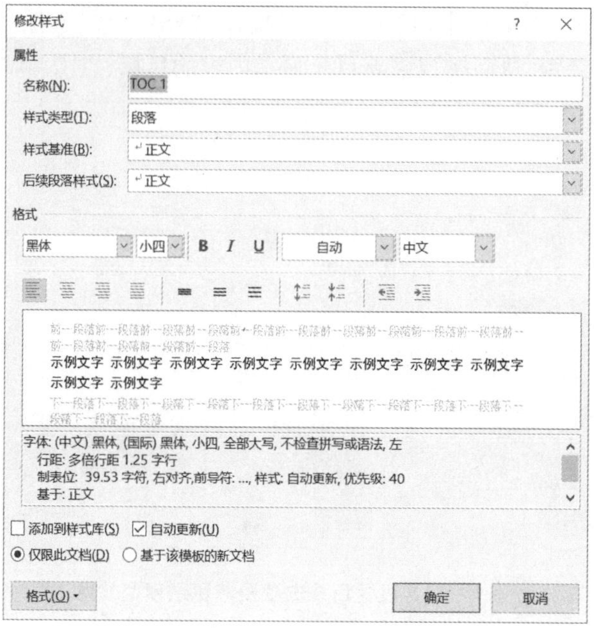

图1-45　"修改样式"对话框

图1-46　"段落"对话框

　　⑦各级别目录样式的修改是类似的,都是在"目录"对话框中,点击"修改"按钮,在弹出的"样式"对话框进行修改,各级别目录样式的要求如表1-3所示。

表 1-3　各级别目录样式的要求

目录级别	样式要求
一级标题	黑体小四,左对齐,左右缩进均为 0,多倍行距为 1.25
二级标题	宋体五号,左对齐,左缩进 0.37 厘米,单倍行距
三级标题	宋体五号,左对齐,左缩进 0.74 厘米,单倍行距

⑧各级别目录样式修改完成后,点击"确定"按钮,目录页自动添加目录。

⑨将目录的标题"目录"两个字设置为小二黑体,2 倍行距,居中,最终目录,如图 1-47 所示。

图 1-47　最终目录图示

第 2 章　Word 文档美化操作

Word
文档美化操作

本章主要介绍 Word 文档美化的相关操作。通过本章的学习,读者不仅可以利用 Word 制作出美观大方的文档,加深理解文档美化在办公软件处理中的重要性,而且能够善于利用 Word 工具,方便、快捷地完成文档美化工作。

2.1　概念及意义

2.1.1　文档美化的定义

一份 Word 文档,为什么同样的内容,有人做出来好看、显得高级,有人做出来就普普通通呢? 这是 Word 文档美化操作在里面所起的作用。所谓文档美化就是利用文档的布局、图表、艺术字等美化操作,使文档看起来更加美观、更加生动。在生活中,有很多需要利用 Word 制作美观文档的案例,如个人简历对文档的美观性要求就很高。

2.1.2　文档美化的意义

①对一些文本来说,适当的美化可以产生一种美感,陶冶人的情操。一篇文章中难免会有图表等内容,绘制美观的图表,会让人阅读起来身心愉悦,一种美感油然而生,给人一种制作精良的感觉。

②对一些文本来说,适当的美化可以吸引更多的读者来阅读。如何让一份简历脱颖而出,如何让广告画报吸引更多的读者,这都要靠文档的美化操作来实现。

2.2　主　要　内　容

Word 文档美化操作主要包括页面布局美化,图形、图片美化,表格美化等。

2.2.1　页面布局美化

Word 的页面布局设计是对页面的文字方向、页边距、纸张方向及纸张大小进行设置的过程。其操作界面如图 2 - 1 所示。

图 2-1　页面布局操作界面

一般情形下 Word 文档文字的方向大多是水平的,但也有些情况需要文字是垂直的。图 2-2(a)为垂直方向的文字,图 2-2(b)为水平方向的文字。需要注意的是,垂直方向的文字是从右往左阅读的,这与我们的古文形式是相近的,而水平方向的文字则是从左往右阅读。这两张图的纸张方向也是不同的,图 2-2(a)明显是横向纸张,图 2-2(b)是纵向纸张,同时,这两张图的页边距也不同,页边距可分为上边距、左边距、右边距和下边距,图 2-2(a)的页边距较宽,图 2-2(b)的页边距较窄。同时,还可以选择需要打印的纸张大小。对于不同类型的文档内容,需要不同的纸张大小、纸张方向、文字方向和页边距,设置恰当的页面布局可以令文档更加美观、实用。

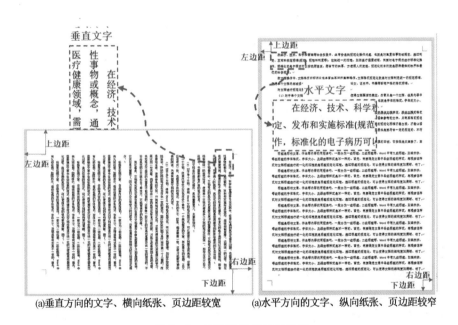

(a)垂直方向的文字、横向纸张、页边距较宽　　(a)水平方向的文字、纵向纸张、页边距较窄

图 2-2　不同布局的页面展示

2.2.2　图形、图片美化

图形包含多种形状,如基本形状、流程图等。一个图形往往是由多个形状组合而成的。图 2-3(a)就是典型的利用各种形状组合成一个图形的运用情形。图片美化是对图片进行相关的预处理,从而达到想要的效果的过程。图 2-3(b)就是通过删除图片背景达到想要的效果。

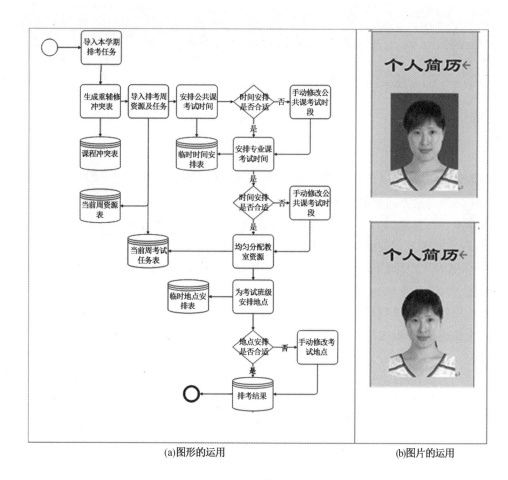

(a)图形的运用   (b)图片的运用

图 2 - 3   图形、图片的运用情形

2.2.3   表格美化

我们在进行 Word 编辑的时候,经常会遇到表格处理问题,通常的操作仅仅就是插入表格,添上内容,但这样的表格过于单调,不够美观。所以对表格除了填写内容之外,还有一个重要操作就是美化处理。如图 2 - 4 所示,美化过的表格和没有进行任何美化的表格相比较,一方面给人的美感是不一样的;另一方面,美化过的表格更易于人们对数据的查看。在进行表格操作中,Word 给出了很多的样式可供选择,如图 2 - 5 所示。我们利用这些样式可以方便做出满足各种要求的表格。

起点	终点	收益		利润		每位乘客	
		额度	占比	额度	占比	收益	利润
杭州	北京	¥3602000	8.1%	955000	9.0%	245	65
上海	北京	¥4674000	10.5%	336000	3.2%	222	16
广州	北京	¥2483000	5.6%	1536000	14.5%	202	125
北京	上海	¥12180000	27.3%	2408000	22.7%	177	35
北京	成都	¥6355000	14.3%	1230000	11.6%	186	36
北京	长沙	¥3582000	8.0%	-716000	-6.8%	125	-25
北京	太原	¥3221000	7.2%	1856000	17.5%	590	340
北京	西安	¥2484600	6.4%	1436000	13.6%	555	280
北京	昆明	¥2799000	6.3%	1088000	10.3%	450	175
北京	大连	¥2792000	6.3%	467000	4.4%	448	75
总计		¥44534000		¥10596000		272	53

(a)普通表格效果

起点	终点	收益		利润		每位乘客	
		额度	占比	额度	占比	收益	利润
杭州	北京	¥3602000	8.1%	955000	9.0%	245	65
上海	北京	¥4674000	10.5%	336000	3.2%	222	16
广州	北京	¥2483000	5.6%	1536000	14.5%	202	125
北京	上海	¥12180000	27.3%	2408000	22.7%	177	35
北京	成都	¥6355000	14.3%	1230000	11.6%	186	36
北京	长沙	¥3582000	8.0%	-716000	-6.8%	125	-25
北京	太原	¥3221000	7.2%	1856000	17.5%	590	340
北京	西安	¥2484600	6.4%	1436000	13.6%	555	280
北京	昆明	¥2799000	6.3%	1088000	10.3%	450	175
北京	大连	¥2792000	6.3%	467000	4.4%	448	75
总计		¥44534000		¥10596000		272	53

(b)美化处理后的表格效果

图2-4　普通表格与美化处理后的表格效果比较

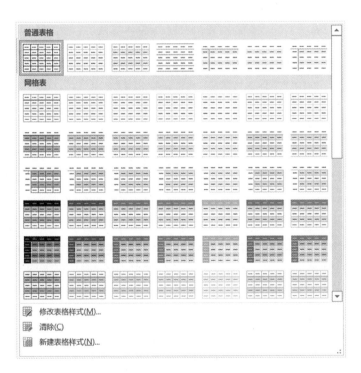

图2-5　Word提供的多种表格样式

2.3 Word 布局的美化操作

Word 布局设置功能主要包括"页边距""纸张方向""纸张大小"及"文字方向"等选项。

2.3.1 页边距设置

页边距设置具体操作步骤如下：

①依次选择"布局"选项卡→"页面设置"选项组→"页边距"按钮。

②从弹出的预设页边距下拉列表中单击选择合适的页边距,如图 2 - 6(a)所示。

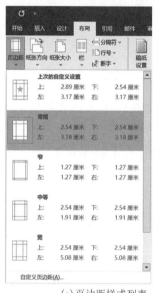

(a)页边距样式列表 　　　　(b)"页面设置"对话框

图 2 - 6　设置页边距

③如果需要自己指定页边距,可以在下拉列表中执行"自定义页边距"命令,打开"页面设置"对话框中的"页边距"选项卡,如图 2 - 6(b)所示。其中:

a. 在"页边距"选项区域中,可以通过单击微调按钮调整"上""下""左""右"4 个页边距的大小和"装订线"的大小与位置,在"装订线位置"下拉列表框中选择"左"或"上"选项。

b. 在"应用于"下拉列表中可指定页边距设置的应用范围,包括应用于整篇文档、选定的文本或指定的节(如果文档已分节)。

④单击"确定"按钮即可完成自定义页边距的设置。

2.3.2 纸张方向设置

Word 提供了纵向(垂直)和横向(水平)两种页面方向设置。更改纸张方向时,与其相关的内容选项也会随之更改,如封面、页眉、页脚样式库中所提供的内置样式也会始终与当前所选纸张方向保持一致。更改文档的纸张方向的操作步骤如下：

①依次选择"布局"选项卡→"页面设置"选项组→"纸张方向"按钮。

②在弹出的下拉列表中，选择"纵向"或"横向"。

如需同时指定纸张方向的应用范围，则应在"页面设置"对话框的"页边距"选项卡中，从"应用于"下拉列表中选择某一范围。

2.3.3　纸张大小设置

Word 为用户提供了预定义的纸张大小设置，用户既可以使用默认的纸张大小，又可以自己设定纸张大小，以满足不同的应用要求。设置纸张大小的操作步骤如下：

①依次选择"布局"选项卡→"页面设置"选项组→"纸张大小"按钮。

②在弹出的预定义纸张大小下拉列表中选择合适的纸张大小，如图2-7(a)所示。

(a)纸张大小列表　　　　(b)页面设置对话框

图2-7　纸张大小设置

③如果需要自己指定纸张大小，可以在下拉列表中执行"其他纸张大小"命令，打开"页面设置"对话框中的"纸张"选项卡，如图2-7(b)所示。其中：

a. 在"纸张大小"下拉列表框中，可以选择不同型号的打印纸，如"A3""A4""16 开"。

b. 选择"自定义大小"纸型，可以在下面的"宽度"和"高度"微调框中自己定义纸张的大小。

c. 在"应用于"下拉列表中可以指定纸张大小的应用范围。

④单击"确定"按钮即可完成自定义纸张大小的设置。

2.3.4 文字方向设置

Word 为用户提供了预定义的文字方向设置,具体操作步骤如下:

①依次选择"布局"选项卡→"页面设置"选项组→"文字方向"按钮。

②从弹出的预设文字方向下拉列表中单击选择合适的选项,如图2-8(a)所示。

③点击"文字方向选项",弹出如图2-8(b)所示对话框,在对话框中,一方面可以更直观地预览不同文字方向的效果;另一方面可以确定将该文字方向是应用于"整篇文档"还是应用于"插入点之后"。

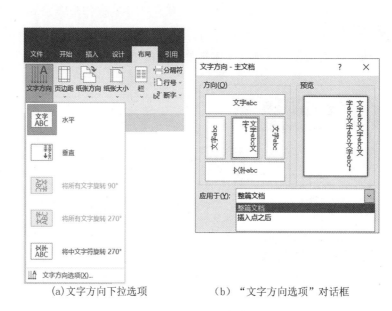

(a)文字方向下拉选项　　　　　　(b)"文字方向选项"对话框

图2-8　设置文字方向

2.3.5 页面布局其他设置

Word 中提供了一些其他页面布局的设置功能,如页面颜色和背景设置、页面水印设置及页面边框设置等。

2.3.5.1 页面颜色和背景设置

通过页面颜色设置,可以为背景应用渐变、图案、图片、纯色或纹理等填充效果,其中渐变、图案、图片和纹理将以平铺或重复方式来填充页面,从而可以针对不同应用场景制作专业、美观的文档。为文档设置页面颜色和背景的操作步骤如下:

①依次选择"设计"选项卡→"页面背景"选项组→"页面颜色"按钮。

②在弹出的下拉列表中,可以在"主题颜色"或"标准色"区域中单击所需颜色。

③选择其他颜色。在"页面颜色"下拉列表中执行"其他颜色"指令,如图2-9(a)所示,在随后打开的颜色对话框中选择所需颜色。

④设定填充效果。如果希望添加特殊的效果,则可在"页面颜色"下拉列表中执行"填充效果"命令,打开"填充效果"对话框,如图2-9(b)所示。在该对话框中有"渐变""纹

理""图案""图片"4个选项卡用于设置页面的特殊填充效果。

⑤设置完成后,单击"确定"按钮,即可为整个文档中的所有页面应用美观的背景。

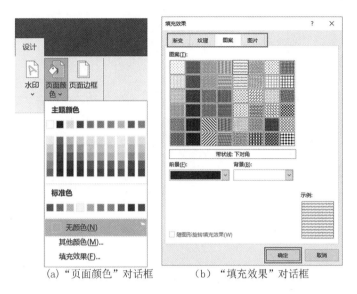

(a)"页面颜色"对话框　　　　(b)"填充效果"对话框

图2-9　颜色和填充效果设置

2.3.5.2　页面水印设置

通常情况下当文档有保密、版权保护等特殊要求时,可添加水印效果。其操作步骤如下:

①依次选择"设计"选项卡→"页面背景"选项组→"水印"按钮。

②在弹出的下拉列表中,可以选择一个预定义水印效果,如图2-10(a)所示。

③自定义水印。在"水印"下拉列表中,选择"自定义水印"命令,打开如图2-10(b)所示的"自定义水印"对话框。在该对话框中可指定图片或文字作为文档的水印。设置完毕单击"确定"按钮即可。

2.3.5.3　页面边框设置

在使用Word制作一些宣传页或报告类文档的时候,可以在页面四周添加边框,以达到吸引读者注意力并为文档增加时尚特色的目的。其操作步骤如下:

①依次选择"设计"选项卡→"页面背景"选项组→"页面边框"按钮。

②弹出"边框和底纹"对话框,如图2-11所示。

③在"设置"选项区域中选择边框的类型。

④在中间的"样式"列表框中选择一种样式,并设置颜色和宽度及艺术型。

⑤在右侧的"预览"区域选择边框在页面中的应用位置,可以应用于页面上、下、左、右4个方向。

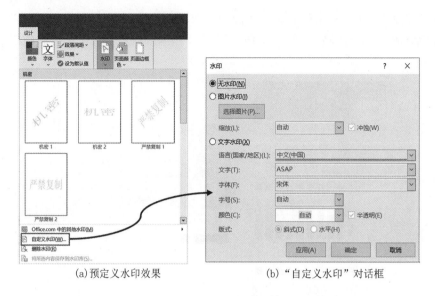

(a)预定义水印效果　　　　　　(b)"自定义水印"对话框

图2-10　水印效果设置

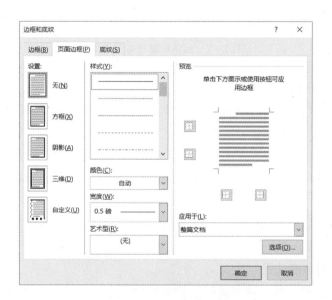

图2-11　"边框和底纹"对话框

2.4　Word 表格美化操作

利用 Word 不仅可以方便快捷地制作表格,还可以通过套用表格样式、实时预览表格等功能最大限度地简化表格的格式化操作。

2.4.1　插入表格

在 Word 中,可以通过多种途径来创建精美别致的表格。

2.4.1.1 即时预览创建表格

利用"表格"下拉列表插入表格,并且可以即时预览表格在文档中的效果。其操作步骤如下:

①将鼠标光标定位在要插入表格的文档位置。

②依次选择"插入"选项卡→"表格"选项组→"表格"按钮。

③在弹出的下拉列表的"插入表格"区域,以滑动鼠标的方式指定表格的行数和列数。与此同时,可以在文档中实时预览表格的大小变化,如图 2 - 12 所示。确定行列数目后,单击鼠标左键即可将指定行列数目的表格插入文档中。

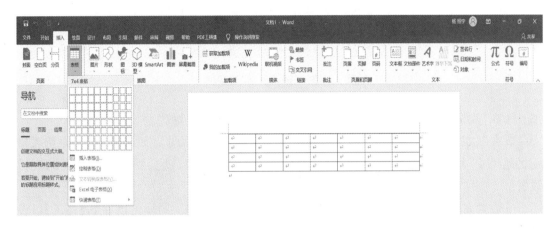

图 2 - 12 插入并预览表格

④此时,功能区中自动打开"表格工具"中的"设计"选项卡。在其中的"表格样式选项"组中,可以选择为表格的某个特定部分应用特殊格式,例如选中"标题行"复选框,则将表格的首行设置为特殊格式;在其中的"表格样式"组中单击"表格样式库"右侧的"其他"按钮,从打开的"表格样式库"列表中选择合适的表格样式,便可快速完成表格格式化。

⑤可以在表格中输入数据以完成表格的制作。

2.4.1.2 使用"插入表格"命令创建表格

通过"插入表格"命令创建表格时,可以在表格插入文档之前选择表格尺寸和格式。其操作步骤如下:

①将鼠标光标定位在要插入表格的文档位置。

②依次选择"插入"选项卡→"表格"选项组→"插入表格"按钮。

③在弹出的下拉列表中,执行"插入表格"命令,打开如图 2 - 13 所示的"插入表格"对话框。

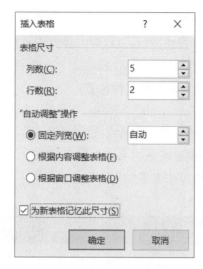

图2-13 "插入表格"对话框

④在"表格尺寸"选项区域中分别指定表格的"列数"和"行数"。

⑤在"'自动调整'操作"区域中根据实际需要调整表格尺寸。如果选中了"为新表格记忆此尺寸"复选框,那么在下次打开"插入表格"对话框时,就会默认保持此次的表格设置。

⑥设置完毕后,单击"确定"按钮,即可将表格插入文档中。同样可以在"表格工具|设计"选项卡中进一步设置表格外观和属性。

2.4.1.3　手动绘制表格

创建不规则的复杂表格可以采用手动绘制表格的方法,此方法使创建表格操作更具灵活性。其操作步骤如下:

①将鼠标光标定位在要插入表格的文档位置。

②依次选择"插入"选项卡→"表格"选项组→"绘制表格"按钮。

③此时,鼠标指针会变为铅笔状,在文档中拖动鼠标即可自由绘制表格。可以先绘制一个大矩形以定义表格的外边界,然后在该矩形内根据实际需要绘制行线和列线。

注意:此时Word会自动打开"表格工具"中的"布局"选项卡,并且"绘图"选项组中的"绘制表格"按钮处于选中状态。

④如果要擦除某条线,可以在"表格工具|布局"选项卡中,单击"绘图"组中的"橡皮擦"按钮。此时鼠标指针会变成橡皮擦的形状,单击需要擦除的线条即可将其擦除。

⑤擦除线条后,再次单击"橡皮擦"按钮,使其不再处于选中状态。这样就可以继续在"设计"选项卡中设计表格的样式,如在"表格样式库"中选择一种合适的样式应用到表格中。

2.4.1.4　插入快速表格

Word提供了一个"快速表格库",其中包含一组预先设计好格式和样例数据的表格,从中选择一个格式便可迅速创建表格。其操作步骤如下:

①将鼠标光标定位在要插入表格的文档位置。

②依次选择"插入"选项卡→"表格"选项组→"表格"按钮。

③在弹出的下拉列表中,执行"快速表格"命令,打开系统内置的"快速表格库",其中以图示化的方式提供了许多不同的表格类型,单击选择其中一个样式,所选快速表格就会插入文档中,修改其中的数据以符合特定需要。通过"表格工具|设计"选项卡,可以进一步对表格的样式进行设置。

2.4.2　将文本转化为表格

在 Word 中,可将事先输入好的文本转换成表格。其操作步骤如下:

①在 Word 文档中输入文本,并在希望分隔的位置使用分隔符分隔开。分隔符可以是制表符、空格、逗号,以及其他一些可以输入的符号。每行文本对应一行表格内容。

②选择要转换为表格的文本,单击"插入"选项卡上的"表格"选项组中的"表格"按钮,如图 2 – 14 所示。

③在弹出的下拉列表中,执行"文本转换成表格"命令,打开如图 2 – 15 所示的"将文字转换成表格"对话框。

图 2 – 14　点击表格弹出框　　　　图 2 – 15　"将文字转换为表格"对话框

④在"文字分隔位置"选项区域中单击文本中使用的分隔符,或者在"其他字符"右侧的文本框中输入所用字符。通常,Word 会根据所选文本中使用的分隔符默认选中相应的单选项,同时自动识别出表格的行列数。

⑤确认无误后,单击"确定"按钮,文档中的文本就被转换成了表格。

此外,还可以将某表格置于其他表格内,包含在其他表格内的表格称作嵌套表格。通过在单元格内单击,然后使用任何创建表格的方法都可以插入嵌套表格。当然,将现有表格复制和粘贴到其他表格中也是一种插入嵌套表格的方法。

2.4.3　调整表格布局

鼠标单击表格任意位置时,菜单栏上将出现"表格工具"选项卡。"表格工具"选项卡包括"表设计"和"布局"两个选项组。在如图2－16所示的"表格工具|布局"选项卡内,可以设置表格对应的行列数,对表格的单元格、行、列的属性进行设置,还可以对表格中内容的对齐方式进行指定。

图2－16　"表格工具|布局"选项卡

2.4.3.1　表格布局基本设置

①单击"表"选项组中的"属性"按钮,在打开的"表格属性"对话框中可以设置表格整体的对齐方式,表格行、列及单元格的属性。

②单击"行和列"选项组中的对应按钮,可以删除或插入行或列。

③利用"合并"选项组中的命令可以对选定的单元格进行合并或拆分。其中单击"拆分表格"按钮,可将当前表格拆分成两个。

④在"单元格大小"选项组中,可以调整表格的行高和列宽。通过"自动调整"下拉列表中的命令可以自动调整表格的大小。

⑤通过"对齐方式"选项组中的命令,可以设置表格中的文本在水平及垂直方向上的对齐方式。

⑥通过"数据"选项组中的命令,可以对表格中的数据进行简单的排序和计算。

2.4.3.2　设置标题行跨页重复

对于内容较多的表格,难免跨越两页或更多页。此时,如果希望表格的标题行可以自动地出现在每个页面的表格上方,可以设置标题行重复出现,操作步骤如下:

①选择表格中需要重复出现的标题行。

②在"表格工具|布局"选项卡上单击"数据"选项组中的"重复标题行"按钮。

2.4.3.3　实例

将文本转换为表格并做处理,操作步骤如下:

①选择文档中需要转换为表格的文本。

②在"插入"选项卡的"表格"选项组中单击"表格"按钮,从下拉列表中选择"文本转换为表格"命令。

③在"将文字转换成表格"对话框中单击选中"根据窗口调整表格"选项,指定文字分隔位置为"制表符",单击"确定"按钮。

④在"表格工具|设计"选项卡上的"表格样式"选项组中选择一个内置表格样式。

⑤在"表格工具|布局"选项卡上的"单元格大小"选项组中单击"分布列"按钮。

⑥在"表格工具|布局"选项卡上的"对齐方式"选项组中单击"水平居中"按钮。

⑦将光标定位在表格的最后一行,在"表格工具|布局"选项卡上的"行和列"选项组中单击"在下方输入"按钮,插入一个空行。

⑧选中表格左下角的两个单元格,在"表格工具|布局"选项卡上的"合并"选项组中单击"合并单元格"按钮,在合并后的单元格中输入文本"总计"。

⑨将光标定位在"总计"右侧单元格,在"表格工具|布局"选项卡上的"数据"选项组中单击"公式"按钮,在弹出的"公式"对话框中,默认的公式为" = SUM(ABOVE)",直接单击"确定"按钮,得到数值542,如图2-17所示。

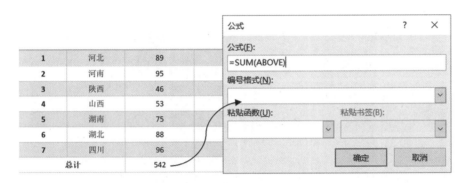

图2-17　表格内数值求和示例

⑩使用同样的方法,在表格右下角单元格中计算最右列百分比数值的总和,正确的结果应为100%。

2.5　Word 图形、图片美化操作

在实际文档处理过程中,往往需要在文档中插入一些图形类元素来装饰文档,从而增强文档的视觉效果。

2.5.1　图片操作

2.5.1.1　插入图片

在 Word 中插入的图片可以来自外部的图片文件,也可以插入联机图片,甚至可以插入屏幕截图。

1.插入来自文件的图片

操作步骤如下:

①将鼠标光标定位在要插入图片的位置。

②在"插入"选项卡上"插图"选项组中单击"图片"按钮,打开"插入图片"对话框。

③在指定文件夹下选择所需图片,单击"插入"按钮,即可将所选图片插入文档中。

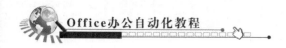
2. 插入联机图片

在 Word 文档中插入联机图片的方法如下：

①将鼠标光标定位在要插入联机图片的位置。

②在"插入"选项卡上的"插图"选项组中单击"联机图片"按钮,打开"插入图片"对话框。

③在"联机图片"文本框中输入要搜索的关键词,单击键盘回车按钮即可开启搜索,如图 2-18 所示。

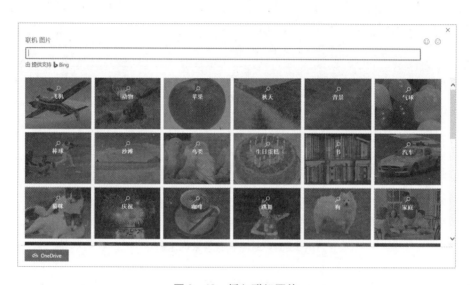

图 2-18　插入联机图片

3. 插入屏幕截图

操作步骤如下：

①将鼠标光标定位在要插入图片的位置。

②在"插入"选项卡上的"插图"选项组中单击"屏幕截图"按钮,如图 2-19 所示。

图 2-19　插入屏幕截图

③单击下拉列表中的"屏幕剪辑"命令,然后在屏幕上用鼠标拖动选择某一屏幕区域作为图片插入文档中。

2.5.1.2 设置图片格式

在文档中插入图片并选中图片后,功能区中将自动出现"图片工具|格式"选项卡,如图 2-20 所示。通过该选项卡,可以对图片的大小格式进行各种设置。

图 2-20 "图片工具|格式"选项卡

1. 调整图片样式

①应用预设图片样式。在"图片工具|格式"选项卡上,单击"图片样式"选项组中的"其他"按钮,在展开的"图片样式库"中,列出了许多图片样式,如图 2-21 所示,单击选择其中的某一类型,即可将相应的样式快速应用到当前图片上。

图 2-21 预设图片样式

②自定义图片样式。如果认为"图片样式库"中内置的图片样式不能满足实际需求,可以分别通过"图片样式"选项组中的"图片边框"和"图片效果""图片版式"3 个命令按钮进行多方面的图片属性设置,如图 2-22 所示。

③进一步调整格式。在"图片工具|格式"选项卡上,通过"调整"选项组中的"更正""颜色"和"艺术效果"按钮可以自由地调节图片的亮度、对比度、清晰度及艺术效果。

2. 设置图片的文字环绕方式

环绕方式决定了图形之间以及图形与文字之间的位置关系。其操作步骤如下:

①选中要进行设置的图片,打开"图片工具|格式"选项卡。

②单击"排列"选项组中的"环绕文字"命令,在下拉列表中选择某一种环绕方式,如图 2-23(a)所示。

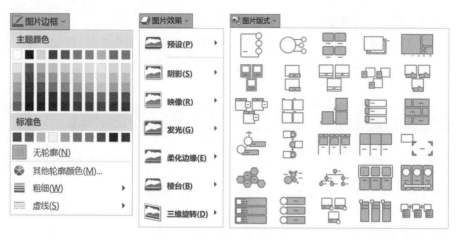

图 2-22　自定义图片样式

③也可以在"环绕文字"下拉列表中单击"其他布局选项"命令,打开如图 2-23(b)所示的"布局"对话框。在"文字环绕"选项卡中根据需要设置"环绕方式""环绕文字"及距正文文字的距离。其中,环绕方式有很多种,表 2-1 描述了不同环绕方式在文档中的布局效果。

(a)"环绕文字"下拉列表　　　　(b)"布局"对话框中"文字环绕"选项卡

图 2-23　选择文字环绕方式

表 2 - 1 不同环绕方式在文档中的布局效果

环绕设置	在文档中的效果	效果实例
嵌入型	嵌入到文字层	适合您文档的视频。为使您的文档具有专业外观,Word 提供了页眉、页脚、封面和文本框设计,这些设计可互为补充
四周型	文本中放置图形的位置会出现一个方形的"区域",文字会环绕在图形周围	适合您文档的视频。为使您的文档具有专业外观,Word 提供了页眉、页脚、封面和文本框设计,这些设计可互为补充。例如,您可以添加匹配的封面、页眉和页脚
紧密环绕型	在文本中放置图形的地方创建了一个形状与图形轮廓相同的"区域",使文字环绕在图形周围	在视频的嵌入代码中进行粘贴。您也可以键入一个关键字以联机搜索最适合您文档的视频。为使您的文档具有专业外观,Word 提供了页眉、页脚和封面
穿越型环绕	文字围绕着图形的环顶点,这种环绕样式产生的效果和表现出的行为与紧密环绕型类似,但可以更加贴近环绕顶点	视频提供了功能强大的方法帮助您证明您的观点。当您单击联机视频时,可以在想要添加视频的嵌入代码中进行粘贴。您也可以键入一个关键字
上下型环绕	实际上创建了一个与页边距等宽的矩形,文字位于图形的上方或下方,但不会在图形旁边	视频提供了功能强大的方法帮助您证明您的观点。当您单击联机视频时,可以在想要添加视频的嵌入代码中进行粘贴
衬于文字下方	嵌入在文档底部的绘制层,可将图片拖动到文档的任何位置。通常用作水印或页面背景图片,文字位于图形上方	视频提供了功能强大的方法帮助您证明您的观点。当您单击联机视频时,可以在想要添加视频的嵌入代码中进行粘贴。您也可以键入一个关键字以联机搜索最适合您的文档的视频
浮于文字上方	嵌入在文档上方的绘制层,可将图形拖到文档的任何位置,文字位于图形下方	视频提供了功能强大的方法帮助您证明您的观点。当您单击联机视频时,可以在想要添加视频的嵌入代码中进行粘贴。您也可以键入一个关键字以联机搜索最适合您文档的视频

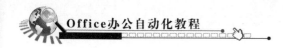
3.设置图片在页面上的位置

当插入图片的文字环绕方式为非嵌入型时,通过设置图片在页面的相对位置,可以合理地根据文档类型布局图片。其操作步骤如下:

①选中要进行设置的图片,打开"图片工具I格式"选项卡。

②单击"排列"选项组中的"位置"按钮,在展开的下拉列表中选择某一位置布局方式,如图2-24(a)所示。

③也可以在"位置"下拉列表中单击"其他布局选项"命令,打开如图2-24(b)所示的"布局"对话框。在"位置"选项卡中根据需要设置"水平""垂直"位置及相关的"选项"。"选项"包含四种方式:

a.对象随文字移动。该设置将图片与特定的段落关联起来,使段落始终保持与图片显示在同一页面上。该设置只影响页面上的垂直位置。

b.锁定标记。选定该设置后再调整图片位置,标记不会随之移动。

c.允许重叠。该设置允许图形对象相互覆盖。

d.表格单元格中的版式。该设置允许使用表格在页面上安排图片的位置,此设置通常为默认勾选。

(a)位置布局列表　　　　　　　　　　(b)"布局"对话框

图2-24　图片位置和布局设置

4.删除图片背景

插入文档中的图片可能会因为背景颜色太深而影响阅读和输出效果,此时可以删除图片背景。删除图片背景的操作步骤如下:

①选中要进行设置的图片,打开"图片工具I格式"选项卡。

②单击"调整"选项组中的"删除背景"命令,此时在图片上出现遮幅区域。

③在图片上调整选择区域四周的控制点,使要保留的图片内容浮现出来。调整完成

后,在"背景消除"选项卡中单击"保留更改"按钮,指定图片的背景就会被删除,如图2-25所示。

图2-25　删除背景图片

5. 图片大小与裁剪图片

插入文档中的图片大小可能不符合要求,这时需要对图片的大小进行处理。

①图片缩放。单击选中所插入的图片,图片周围出现控制点,用鼠标拖动图片边框上的控制点可以快速调整其大小。如需对图片进行精确缩放,可在"图片工具|格式"选项卡的"大小"选项组中单击"对话框启动器"按钮,打开如图2-26所示的"布局"对话框中的"大小"选项卡。在"缩放"选项区域中,选中"锁定纵横比"复选框,然后设置"高度"和"宽度"的百分比即可更改图片的大小。

图2-26　调整图片大小

②裁剪图片。当图片中某部分多余时,可将其裁剪掉。其操作方法如下:

a. 选中要进行裁剪的图片,打开"图片工具|格式"选项卡。

b. 单击"大小"选项组中的"裁剪"按钮,图片四周出现裁剪标记,拖动图片四周的裁剪标记,调整到适当的图片大小。

c.调整完成后,在图片外的任意位置单击或者按 Esc 键退出裁剪操作,此时在文档中只保留裁剪了多余区域的图片。

d.如需裁剪出更加丰富的效果,可以单击"裁剪"按钮下方的向下三角箭头,从打开的下拉列表中选择合适的命令后再进行裁剪。例如,选择"裁剪为形状"后将图片按指定的形状进行裁剪,如图 2-27 所示。

e.实际上,在裁剪完成后,图片的多余区域依然保留在文档中,只不过看不到而已。如果希望彻底删除图片中被裁剪的多余区域,可以单击"调整"选项组中的"压缩图片"按钮,打开"压缩图片"对话框,如图 2-28 所示。

f.在该对话框中,选中"压缩选项"区域中的"删除图片的剪裁区域"复选框,然后单击"确定"按钮完成操作。

2.5.2　图形操作

2.5.2.1　绘制图形

Word 中的绘图是指一个或一组图形对象(包括形状、图表、流程图、线条和艺术字等),可以直接选用相关工具在文档中绘制图形,并通过颜色、边框或其他效果对其进行设置。

图 2-27　将图片裁剪为形状

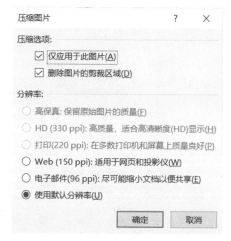

图 2-28　压缩图片以裁剪多余区域

1.使用绘图画布

向 Word 文档插入图片、图形对象时,可以将图片、图形等对象放置在绘图画布中。绘图画布在绘图和文档的其他部分之间提供了一条框架式的边界。在默认情况下,绘图画布没有背景或边框,但是如同处理图形对象一样,可以对绘图画布进行格式设置。

绘图画布能够将绘图的各个部分组合起来,这在绘图由若干个形状组成的情况下尤其有用。如果计划在插图中包含多个形状,或者希望在图片上绘制一些形状以突出效果,最佳做法是先插入一个绘图画布,然后在绘图画布中绘制形状、组织图形图片。

插入绘图画布的操作步骤如下:

①将鼠标光标定位在要插入绘图画布的位置。

②在"插入"选项卡上的"插图"选项组中单击"形状"按钮。

③在弹出的下拉列表中执行"新建绘图画布"命令,将在文档中插入一幅绘图画布。

在绘图画布中可以绘制图形,也可以插入图片。插入绘图画布或绘制图形后,功能区中将自动出现如图2-29所示的"绘图工具|格式"选项卡,通过该选项卡可以对绘图画布及图形进行格式设置。例如,在"绘图工具|格式"选项卡的"形状样式"选项组中,通过"形状填充""形状轮廓""形状效果"按钮可以设置绘图画布的背景和边框;在"大小"选项组中可以精确设置绘图画布的大小。

图2-29 "绘图工具|格式"选项卡

2. 绘制图形的基本方法

图形可以绘制在插入的绘图画布中,也可以直接绘制在文档中指定的位置。绘制图形的基本方法如下:

①依次选择"插入"选项卡→"插图"选项组→"形状"按钮,打开"形状库"列表。

②"形状库"中提供了各种线条、基本形状、箭头、流程图、标注,以及星与旗帜等形状。在该列表中单击选择需要的图形形状。

③在文档的绘图画布中或其他合适的位置拖动鼠标即可绘制图形,如图2-30所示。

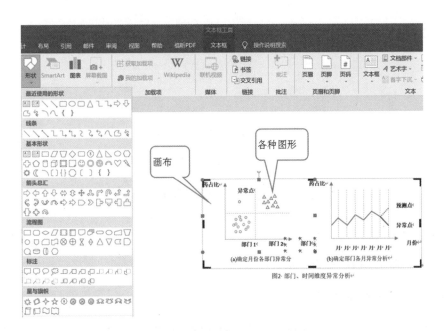

图2-30 在绘图画布中绘制图形

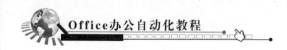

④通过"绘图工具|格式"选项卡上的各个选项组中的功能,可以对选中的图形进行格式设置,例如图形的大小、排列方式、颜色、形状,以及在文本中的位置等,还可以对多个形状进行组合。

⑤如果需要删除所有图形或部分图形,可以选择绘图画布或要删除的图形对象,然后按 Delete 键。

2.5.2.2　使用智能图形 SmartArt

单纯的文字总是令人难以记忆,如果能够将文档中的某些理念以图形方式展现出来,就能够大大促进阅读者对该理念的理解与记忆。在 Microsoft Office 2016 中,SmartArt 智能图形功能可以使单调乏味的文字以图形的效果呈现在读者面前,令人印象深刻。添加 SmartArt 智能图形的基本方法如下:

①将鼠标光标定位在要插入 SmartArt 图形的位置。

②单击"插入"选项卡,在"插图"选项组中单击"SmartArt"按钮,打开如图 2－31 所示的"选择 SmartArt 图形"对话框,选择相应的图形后单击"确定"按钮完成操作。

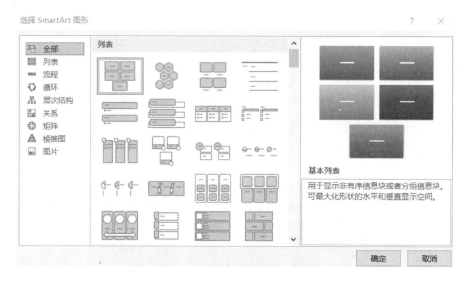

图 2－31　选择 SmartArt 图形

2.6　Word 其他美化操作

文本框、图表、艺术字、首字下沉效果是中文排版过程中经常要用到的,这些对象或效果的加入可以使得文档内容更丰富,外观更漂亮。

2.6.1　插入文本框

文本框是一种可移动位置、可调整大小的文字或图形容器。使用文本框,可以在一页上放置多个文字块内容,或使文字按照与文档中其他文字不同的方式排布。在文档中插入文本框的步骤如下：

　　①单击"插入"选项卡，在"文本"选项组中单击"文本框"按钮，弹出可选文本框类型下拉列表。

　　②从列表的内置文本框样式中选择合适的文本框类型，所选文本框即插入文档中的指定位置，如图2－32所示。如果需要自定义文本框，可选择其中的"绘制文本框"或"绘制竖排文本框"命令，然后在文档中合适的位置拖动鼠标绘制一个文本框。

　　③可直接在文本框中输入内容并进行编辑。

　　④利用"绘图工具|格式"选项卡中的各类工具，可对文本框及其中的内容进行设置。其中通过"文本"选项组中的"创建链接"按钮，可在两个文本框之间建立链接关系，使得文本在其间自动传递。

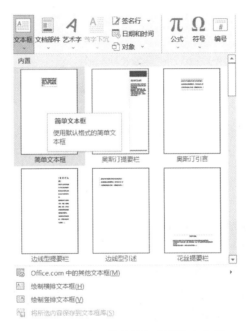

图2－32　在文档中插入内置的文本框

2.6.2　插入文档封面

　　专业的文档要配以漂亮的封面才会更加完美，Word内置的"封面库"提供了充足的选择空间，令人无须为设计漂亮的封面而大费周折。为文档添加专业封面的操作步骤如下：

　　①单击"插入"选项卡，在"页面"选项组中单击"封面"按钮，打开系统内置的"封面库"列表，如图2－33所示。

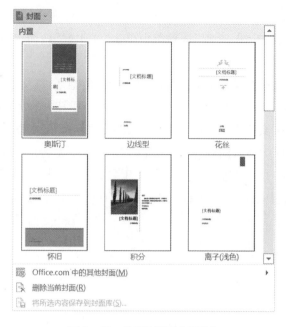

图 2 – 33   内置"封面库"列表

②"封面库"中以图示的方式列出了许多文档封面。单击其中某一封面类型,例如"奥斯汀",所选封面就会自动插入当前文档的第一页,现有的文档内容会自动后移,如图 2 – 34 所示。

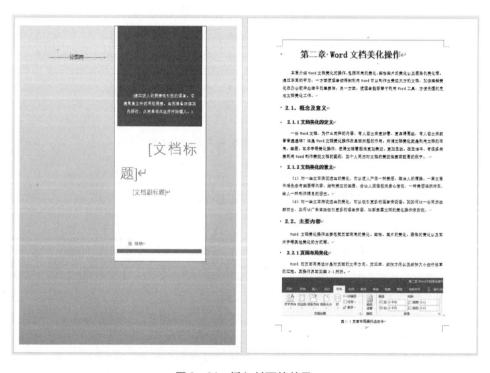

图 2 –34   插入封面的效果

③单击封面中的内容控件框,如"摘要""标题""作者"等,在其中输入或修改相应的文字信息并进行格式化,一个漂亮的封面就制作完成了。

若要删除已插入的封面,可以在"插入"选项卡上的"页面"选项组中单击"封面"按钮,然后在弹出的下拉列表中执行"删除当前封面"命令。

如果自行设计了符合特定需求的封面,也可以通过执行"插入"选项卡→"页面"选项组→"封面"按钮→"将所选内容保存到封面库"命令,将其保存到"封面库"中以备下次使用。

2.6.3　插入艺术字

以艺术字的效果呈现文本,可以有更加亮丽的视觉效果。在文档中插入艺术字的操作方法如下:

①在文档中选择需要添加艺术字效果的文本,或者将光标定位于需要插入艺术字的位置。

②单击"插入"选项卡,在"文本"选项组中单击"艺术字"按钮,打开艺术字样式列表。

③从列表中选择一个艺术字样式,即可在当前位置插入艺术字文本框。

④在艺术字文本框中输入或编辑文本,通过"绘图工具|格式"选项卡中的各项工具,可对艺术字的形状、样式、颜色、位置及大小进行设置。

2.6.4　首字下沉

在 Word 中可以设置文档段落的首字下沉效果,以起到突出显示的作用。具体操作如下:

①选择需要设置下沉效果的文本。

②在"插入"选项卡上的"文本"选项组中单击"首字下沉选项"按钮,弹出"首字下沉"对话框,如图 2－35 所示,从下拉列表中选择"下沉",点击"确定",其效果如图 2－36 所示。

图 2－35　"首字下沉"对话框

图 2－36　设置首字下沉效果

2.6.5 插入图表

图表可对表格中的数据图示化,增强可读性。在文档中制作图表的操作方法如下:

①在文档中将光标定位于需要插入图表的位置,单击"插入"选项卡,在"插图"选项组中单击"图表"按钮,打开如图2-37所示的"插入图表"对话框。

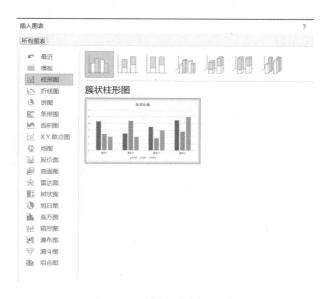

图2-37 "插入图表"对话框

②选择合适的图表类型,如"柱形图",单击"确定"按钮,自动进入"图表"窗口。

③在指定的数据区域中输入生成图表的数据源,拖动数据区域的右下角可以改变数据区域的大小,同时 Word 文档中显示相应的图表,如图2-38所示。

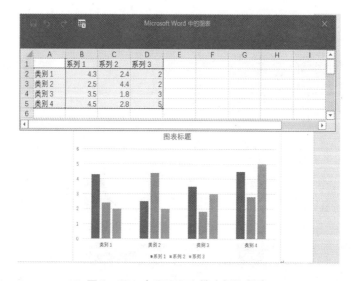

图2-38 在 Word 文档中插入图表

④关闭 Microsoft Word 中的"图表"窗口,然后在 Word 文档中通过"图表工具"下的"设计"和"格式"两个选项卡对插入的图表进行各项设置。

2.7 综 合 案 例

2.7.1 案例描述

下面以个人简历美化操作为案例,制作如图2-39所示的简历。该简历分为两部分:左半部分包括标题、照片和基本资料信息;右半部分包括各栏目的标题及各栏目内容的填写等。

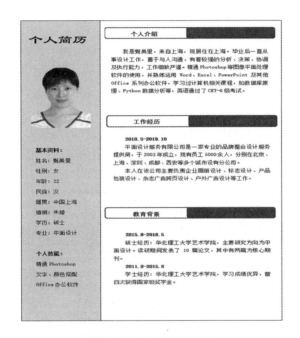

图2-39 个人简历样式

2.7.2 流程设计

针对前面提出的简历要求,制作个人简历流程如图2-40所示。

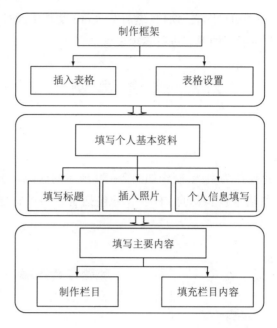

图 2-40　设计步骤

①根据前面设计好的个人简历的样式,进行框架的设计,框架结构如图 2-41 所示。

②填写个人基本资料,包括标题、基本资料信息及照片等,如图 2-42 所示。

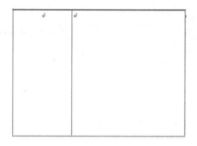

图 2-41　个人简历框架的制作

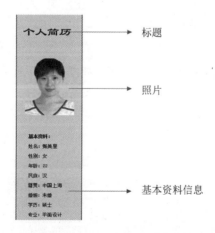

图 2-42　个人基本资料样式

③首先确定要填写的主要栏目,并制作栏目,然后再填写栏目内容,如图2-43所示。

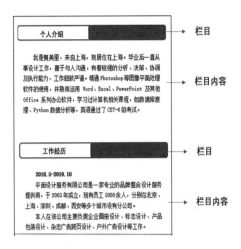

图2-43 主要内容图示

操作结构如表2-2所示。

表2-2 文档规范化量化评价标准

类别名称	操作名称	规范化要求
制作框架	插入表格	选择的是【2×1】的表格
	表格设置	将表格拉至第一页底部,再把中间的分隔线拖到左边三分之一处
填写个人信息	填写标题	表格填充颜色,将左边表格填充为淡蓝色
		插入文本框,输入"个人简历",字号为一号,字体为隶书
	插入照片	插入照片,图片居中
		删除照片背景
	填写个人信息	在照片下方插入文本框,填写个人信息,段落设置为1.5倍行距
填写内容	制作栏目	在右面表格中,插入圆角矩形图标,改为蓝色轮廓,复制该圆角矩形,缩短长度并填充为蓝色
		插入艺术字,输入字体"个人介绍",字号为3号
		向下复制两个栏目,调整合适间距
	填充内容	在每个栏目下方插入文本框,去除边框轮廓
		向下依次添加文本框,并对齐

2.7.3 操作步骤

2.7.3.1 制作框架

1.插入表格

首先,在电脑上新建一个 Word 文档,打开后点击【插入】→【表格】,选择【2×1】的表格,如图2-44(a)所示。

2. 表格设置

将表格拉至第一页底部,再把中间的分隔线拖到左边三分之一处,如图2-44(b)所示。

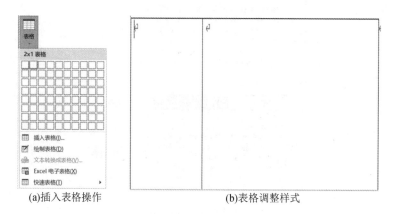

(a)插入表格操作   (b)表格调整样式

图2-44　制作框架

2.7.3.2　填写个人信息

1. 填写标题

①表格填充颜色。将左边表格填充为淡蓝色,如图2-45(a)所示。

②点击【插入】→【文本框】→【简单文本框】,如图2-45(b)所示,在文本框中输入"个人简历",选中文本,将字号改为【一号】,字体改为【隶书】。

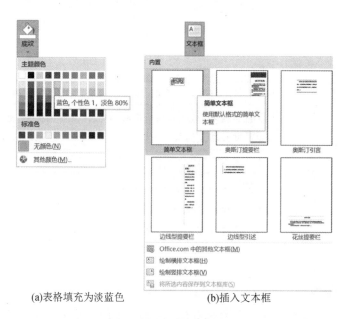

(a)表格填充为淡蓝色   (b)插入文本框

图2-45　表格颜色填充和插入文本框

2. 插入照片

①插入图片。在"个人简历"的文本下方,点击【插入】→【图片】,从文件中找到照片,如图2-46(a)所示,双击添加进来,按下【Ctrl+E】将图片居中,拖动图片的一个角,将照片缩小。

②删除照片背景。想要给证件照更换背景,双击图片后点击工具栏上的【删除背景】,拖动选区覆盖照片,点击【标记要保留的区域】,将身体部分标记,再点击【保留更改】,最后填充为其他颜色即可,如图2-46(b)所示。

(a)插入图片

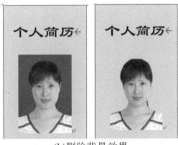
(b)删除背景效果

图2-46 图片效果设置

③填写个人信息。在照片的下方,继续插入一个文本框,填写个人信息的内容,将"基本资料"和"个人技能"加粗,接着全选文本后按下【Ctrl+5】,把段落设置为1.5倍行间距,如图2-47所示。

基本资料	婚姻:未婚
姓名:真美丽	学历:硕士
性别:女	专业:平面设计
年龄:22	
民族:汉	个人技能
籍贯:中国上海	精通Photoshop
婚姻:未婚	文字、颜色搭配
学历:硕士	Office办公软件

图2-47 个人信息

2.7.3.3 填写内容

1. 制作栏目

在右边表格中,点击【插入】→【形状】,选择圆角矩形图标,然后在右边画出矩形,将主题样式改为蓝色轮廓;按住【Ctrl】键拖动复制一个,缩短长度并填充为蓝色。下面将短的矩形覆盖长的矩形。点击【插入】→【艺术字】,任意选择一种字体,输入文本"个人介绍",将字号改为【三号】,字体不变,调整一下位置。再次按住【Ctrl】键,依次选中文本框、短矩形、长矩形,向下复制两个,调整合适的间距,并修改文本内容,这样内容介绍的栏目就制作好了,如图 2-48 所示。

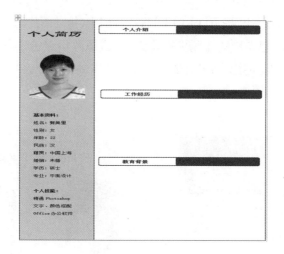

图 2-48　制作栏目

2. 填充内容

在每个栏目下方填充内容,插入一个文本框,将内容填写好后,去除边框轮廓,下面两个也是如此,可直接复制填充,如图 2-49 所示。

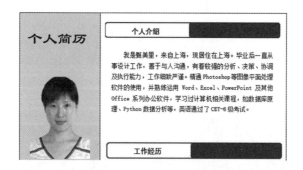

图 2-49　内容填充效果

最终效果如图 2-50 所示。

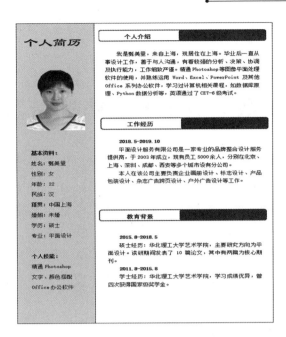

图 2-50　最终效果

第3章 Word 文档批量制作

本章介绍 Word 文档批量制作的操作。通过本章的学习,读者不仅能够加深理解 Word 文档批量制作在办公软件处理中的重要性,而且能够善于利用 Word 工具,方便、快捷地完成文档批量制作的工作。

3.1 概念及意义

3.1.1 文档批量制作的定义

重复性的文档工作费时费力,还容易出错。几百个同样格式的文档,大部分内容一致,仅仅就是员工编号、姓名、出生日期之类的有所变化,如果每个人都制作一遍,费时费力,还容易出错。那么如何快速又准确地批量制作同样格式的文档呢? 这就是文档批量制作所需要解决的问题。

所谓文档批量制作就是利用 Word 邮件合并功能,创建一批允许部分内容个性化设置的同样格式的文档。如图 3-1 所示,创建同样格式和样式仅需改变员工姓名的奖状,可以利用 Word 邮件合并功能来实现。

图 3-1 批量制作奖状案例

3.1.2 Word 文档批量制作的应用及意义

对于单个文档,使用 Word 文档格式规范化,可以使文档整洁而美观;对于多个文档,使用 Word 文档格式规范化,可以便于读者理解文档的内容。

3.2 主 要 内 容

3.2.1 邮件合并

Word 的邮件合并可以将一个主文档与一个数据源结合起来,最终生成一系列输出文档。要完成一个邮件合并任务,通常需要包含主文档、数据源、合并文档几个部分。

3.2.1.1 主文档

主文档是经过特殊标记的 Word 文件,它是用于创建输出文档的"蓝图",其中包含了基本的文本内容,这些文本内容在所有输出文件中都是相同的,比如信件的信头、主体及落款等。另外还有一系列指令(称为合并城),用于插入每个输出文档中需要发生变化的文本,比如收件人的姓名和地址等。

3.2.1.2 数据源

数据源实际上是一个数据列表,其中包含了用户希望合并到输出文档中的数据,如姓名、通信地址、电子邮件地址、传真号码等。Word 的邮件合并功能支持很多类型的数据源,其中主要包括下列几类:

①Microsoft Office 地址列表。在邮件合并的过程中,Word 提供了创建简单的"Office 地址列表"的功能,必要时可以在新建的列表中填写收件人的姓名和地址等相关信息。此方法适用于不经常使用的小型、简单列表。

②Microsoft Word 数据源。可以使用某个 Word 文档作为数据源,该文档应只包含 1 个表格,该表格的第 1 行必须用于存放标题行,其他行必须包含邮件合共所需要的数据记录。

③Microsoft Excel 工作表。可以从工作簿内的任意工作表或命名区域选择数据。

④Microsoft Outlook 联系人列表。可以在"Outlook 联系人列表"中直接检索联系人信息。

⑤Microsoft Access 数据库。在 Access 中创建的数据库。

⑥HTML 文件。使用只包含 1 个表格的 HTML 文件。表格的第 1 行必须用于存放标题行,其他行则必须包含邮件合并所需要的数据记录。

3.2.1.3 合并文档

合并文档是一份可以独立存储或输出的 Word 文档,其中包含了所有的输出结果,其中有些文本内容在每份输出文档中都是相同的,这些相同的内容来自主文档;而有些会随着收件人的不同而发生变化,这些变化的内容来自数据源。

邮件合并功能将主文档和数据源合并在一起,形成一系列的最终文档。数据源中有多少条记录,就可以生成多少份最终结果。

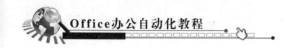

3.3　邮件合并的操作

邮件合并的基本流程是:创建主文档→选择数据源→插入域→合并生成结果。用户可以通过邮件合并向导来完成这一流程,也可以直接插入邮件合并域,来创建邮件合并文档,后者更具灵活性。

3.3.1　通过邮件合并向导完成邮件合并

具体操作步骤如下:

①启动 Word,或者打开一个空白的 Word 文档作为主文档。

②在功能区的"邮件"选项卡上,单击"开始邮件合并"选项组中的"开始邮件合并"按钮。

③从弹出的下拉列表中选择"邮件合并分步向导"命令,打开"邮件合并"任务窗格,同时进入"邮件合并分步向导"的第 1 步,如图 3 - 2 所示。邮件合并向导共包含 6 步。

图 3 - 2　打开"邮件合并"任务窗口

④在"选择文档类型"区域中,选择一个希望创建的输出文档的类型,本示例以信函为例。

⑤单击"下一步:开始文档"超链接,进入"邮件合并分步向导"的第 2 步,在"选择开始文档"选项区域中确定邮件合并的主文档,可以使用当前打开的文档,也可以选择一个已有的文档或根据模板新建一个文档。

⑥接着单击"下一步:选取收件人"超链接,进入"邮件合并分步向导"的第 3 步,在"选择收件人"选项区域中确定邮件合并的数据源,可以使用事先准备好的列表,也可以新建一

个数据源列表,如图3-3所示。

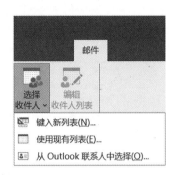

图3-3 选择键入新列表或使用现有列表

⑦确定了数据源之后,单击"下一步:撰写信函"超链接,进入"邮件合并分步向导"的第4步。对主文档进行编辑修改,并通过插入合并域的方式向主文档中适当的位置插入数据源中的信息。单击"其他项目"超链接可打开"插入合并域"对话框。

⑧单击"下一步:预览信函"超链接,进入"邮件合并分步向导"的第5步。此处可以查看最终输出的合并结果。

⑨预览文档后,单击"下一步:完成合并"超链接,进入"邮件合并分步向导"的最后一步。在"合并"选项区域中,可以根据实际需要选择单击"打印"或"编辑单个信函"超链接,进行最后的合并工作。一般情况下,可先行选择"编辑单个信函"超链接以文件形式生成并保存合并结果,然后再确定是否打印。

3.3.2 直接进行邮件合并

利用向导进行邮件合并的过程比较烦琐,适合不熟悉邮件合并流程的新手使用。当对邮件合并流程熟练掌握后,可以直接进行邮件合并。

①首先,准备好数据源文件,编辑完成主文档中的固定内容并进行保存。

②在Word中打开主文档,在"邮件"选项卡单击"选择收件人"按钮。

③从如图3-3所示下拉列表中选择"使用现有列表"命令。在弹出的"现有数据源"对话框中选择数据源文件,也可以选择"键入新列表"重新创建数据源。

④在"邮件"选项卡上单击"编辑收件人列表"按钮,打开如图3-4所示的"邮件合并收件人"对话框。在该对话框中可以对数据源列表进行排序、筛选等操作,以确定最后参与合并的收件人记录。设置完毕后单击"确定"按钮退出。

⑤在主文档中定位光标到需要插入数据源信息的位置,如图3-5所示。

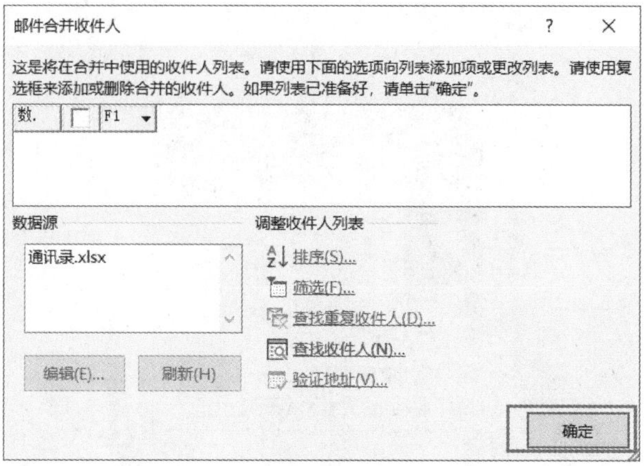
邮件合并收件人
这是将在合并中使用的收件人列表。请使用下面的选项向列表添加项或更改列表。请使用复选框来添加或删除合并的收件人。如果列表已准备好，请单击"确定"。
数.
F1
数据源
通讯录.xlsx
编辑(E)...
刷新(H)
调整收件人列表
排序(S)...
筛选(F)...
查找重复收件人(D)...
查找收件人(N)...
验证地址(V)...
确定

图 3－4　“邮件合并收件人”对话框

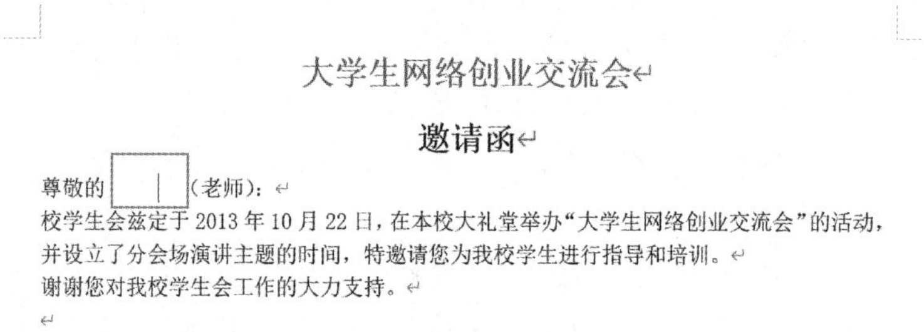

大学生网络创业交流会

邀请函

尊敬的　　（老师）：

校学生会兹定于 2013 年 10 月 22 日，在本校大礼堂举办“大学生网络创业交流会”的活动，并设立了分会场演讲主题的时间，特邀请您为我校学生进行指导和培训。

谢谢您对我校学生会工作的大力支持。

图 3－5　主文档定位光标

⑥在“邮件”选项卡上单击“编写和插入域”选项组中的“插入合并域”按钮，从下拉列表中选择需要插入的域名，如图 3－6 所示。

⑦在“邮件”选项卡上单击“完成”选项组中的“完成并合并”按钮，从打开的下拉列表中选择合并结果输出方式，如图 3－7 所示。

插入
合并域
编号
姓名
性别
公司
地址
邮政编码

图 3－6　“插入合并域”按钮

完成并合并
编辑单个文档(E)...
打印文档(P)...
发送电子邮件(S)...

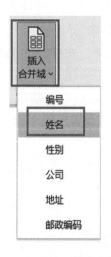

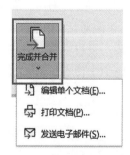

图 3－7　“完成并合并”按钮

⑧如果选择了"编辑单个文档",则可对形成的合并结果文档进行保存,同时需要保存主文档,如图3-8所示。

3.3.3 设置邮件规则

在进行邮件合并时,可能需要设置一些条件来对最终的合并结果进行控制,例如只输出某些符合条件的记录等。在邮件合并时设置合并规则的方法如下:

①在主文档中插入合并域之后,在"邮件"选项卡上的"编写和插入域"选项组中单击"规则"按钮,如图3-9所示。

图3-8 编辑单个文档

图3-9 "规则"界面

②在打开的规则下拉列表中,单击某一命令,进行规则设置。例如:

a.选择"如果...那么...否则..."命令,可以设置显示条件以控制输入文档的显示信息,如图3-10所示。

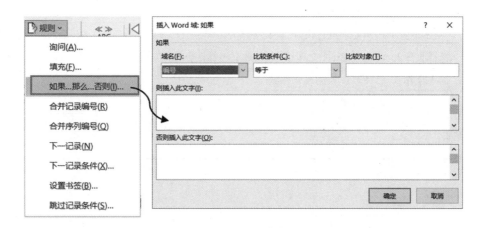

图3-10 选择"如果...那么...否则..."命令的界面

b.选择"跳过记录条件",则可设置符合指定条件的那些记录在合并结果中显示并输出,如图 3 – 11 所示。

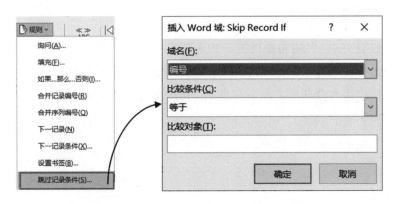

图 3 – 11 选择"跳过记录条件"命令的界面

3.4 综合案例

3.4.1 案例介绍

本案例为批量制作奖状,如图 3 – 1 所示。在奖状中,只有员工姓名是不一样的,其他内容都是一样的,需要批量制作多张奖状。

文档规范化量化评价标准如表 3 – 1 所示。

表 3 – 1 文档规范化量化评价标准

类别名称	操作名称	规范化要求
准备工作	布局设置	页面为横向
		粘贴奖状模板
	文字设置	按照要求进行设计,正文字体为仿宋,三号,署名部分字体为宋体,四号
邮件合并	选择收件人	将给定 Excel 文档作为 Word 文档邮件合并的对象
	插入合并域	将姓名作为插入合并域
	完成合并	展示效果
高效考核	统计完成时间	0 ~ 5 分钟完成得 15 分;5 ~ 10 分钟完成得 10 分;10 ~ 15 分钟完成得 8 分;15 ~ 30 分钟完成得 6 分;30 分钟以上完成得 0 分

3.4.2　制作流程

奖状批量制作流程如图 3 - 12 所示。

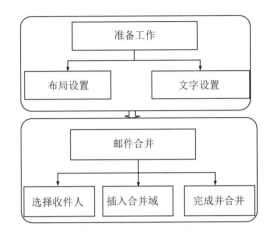

图 3 - 12　批量制作流程

3.4.2.1　准备工作

准备工作分为两部分,首先是将奖状的页面方向设置为横向,并选择奖状的模板,然后输入文字内容,设置好字体、样式,如图 3 - 13 所示。

3.4.2.2　邮件合并

首先用 Excel 整理名单;其次在 Word 中利用邮件合并功能"选择收件人",将收件人与该 Excel 中的数据关联起来;然后在 Word 中需要填充姓名的地方插入合并域;最后点击完成合并。

(a)横向页面+奖状模板　　　　　　(b)添加文字内容

图 3 - 13　页面准备工作

3.4.3　操作步骤

3.4.3.1　准备工作

1. 布局设置

首先打开 Word,点击【布局】→【页面设置】,将【纸张方向】设置为【横向】,然后插入奖状或荣誉证书的模板,如图3-14所示。

图3-14 模板图

2.文字设置

插入一个文本框,输入模板文字,前面留出空白,用于填写姓名,荣誉称号可以加粗放大并且设置为红色,其他文字普通设置即可,效果如图3-15所示。

图3-15 页面布局的设置

3.4.3.2 邮件合并

1.选择收件人

①名单整理。把获奖人员的名单整理成一份Excel表格,如图3-16所示。

	A	B	C	D	E	F	G
1	姓名						
2	甄美丽						
3	甄有钱						
4	甄厉害						
5	甄小气						
6	甄会说						
7	甄英俊						
8	甄可爱						
9							
10							
11							
12							

图3-16 Excel存储名单

②邮件合并功能。在 Word 中点击【邮件】→【开始邮件合并】→【信函】，然后再点击【选择收件人】→【使用现有列表】，找到刚刚保存的 Excel 名单，点击"确定"按钮，如图3-17 所示。

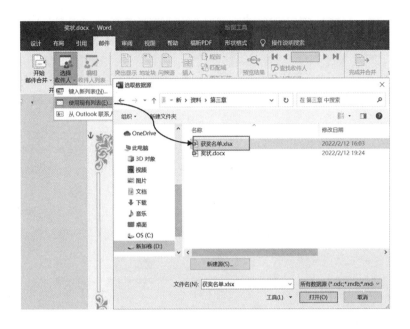

图 3-17　选择收件人

2. 插入合并域

将鼠标定位在要填写姓名的地方，然后点击【邮件】→【插入合并域】，选择【姓名】并点击"插入"按钮，操作如图 3-18 所示。

图 3-18　插入合并域

3. 完成并合并

点击【完成并合并】→【编辑单个文档】,即可生成多张荣誉证书,如图 3 – 19 所示,每张荣誉证书上面的名字都不同,分别对应 Excel 名单上的姓名。

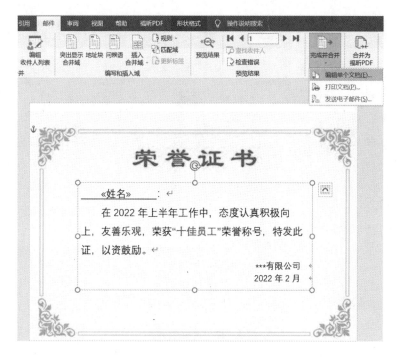

图 3 – 19 完成并合并

第 4 章　Excel 数据编辑操作

Excel

数据编辑操作

本章介绍 Excel 的基本功能,包括数据的输入与编辑、数据的整理与修饰、数据的打印及多工作表操作等。通过本章的学习,读者不仅能够加深理解 Excel 表格在办公软件处理中的重要性,而且能够善于利用 Excel 工具,方便、快捷地完成数据编辑工作。

4.1　概念及意义

4.1.1　Excel 数据编辑的概念

数据编辑是将输入系统的数据进行添加、删除和修改的操作,以及检查、编排、处理、组织成便于后续处理的格式的过程。其任务主要有:数据的基础编辑工作,包括添加、删除和修改的操作,以及对数据进行校验检查;把数据重新编排组织成便于内部处理的格式,包括数据格式的整理和表格修饰等工作。

4.1.2　Excel 数据编辑的意义

数据编辑是后续数据计算和分析的基础,同时也是一切数据处理工作的起点,是数据处理的必经之路。

虽然数据的输入、修改和删除,看起来比较简单,但由于数据量大、类型繁杂,如果没有相关的辅助工具,编辑工作的效率会非常低下,还容易出错。Excel 为数据编辑提供了强大的功能,如 Excel 的自动填充功能为数据的自动化输入提供了强有力工具,再如数据验证功能,为高效、准确地输入数据提供了保障。此外,针对数据进行格式的整理与修饰等工作,Excel 也提供了强有力的辅助工具,如数字格式的自定义、表格样式的自动套用等。

4.2　主　要　内　容

4.2.1　Excel 窗口界面介绍

Excel 的窗口界面如图 4 - 1 所示(本书软件版本为 Excel 2006),由标题栏、选项卡、功能区、状态栏、滚动条、编辑窗口等元素组成。下面介绍一些 Excel 特有的常用术语。

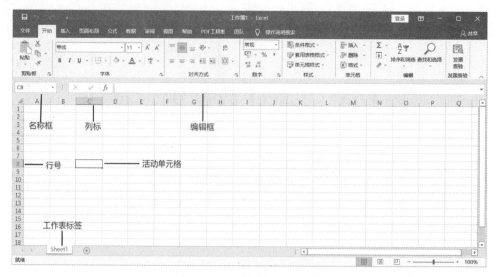

图4-1 Excel的窗口界面

①工作簿与工作表。一个工作簿就是一个电子表格文件,如"＊＊＊.xlsx"就是一个工作簿(Excel 2003 以前的版本扩展名为 xls)。一个工作簿可以包含多张工作表,一张工作表就是一张规整的表格,由若干行和若干列构成。

②工作表标签。一般位于工作表的下方,用于显示工作表名称。默认情况下工作表名称以 Sheet1 、Sheet2、Sheet3 等命名,双击工作表标签可以更改名称。

③行号。每一行左侧的阿拉伯数字为行号。

④列标。每一列上方的大写英文字母为列标。

⑤单元格、单元格地址与活动单元格。每一行和每一列交叉处的长方形区域称为单元格,单元格为 Excel 操作的最小对象。单元格的行号和列标形成单元格地址,如 A1 单元格、C3 单元格。在工作表中将鼠标光标指向某个单元格后单击,该单元格即为活动单元格,活动单元格是当前可以操作的单元格。

⑥名称框。名称框一般位于工作表的左上方,显示活动单元格。

⑦编辑框。编辑框位于名称框右侧,用于显示、输入、编辑、修改当前活动单元格中的数据或公式。

4.2.2 数据编辑基础操作

数据编辑基础操作主要包括数据的简单编辑、数据的自动填充和数据的验证。

①数据的简单编辑。即手动地进行数据的输入、修改和删除等操作。

②数据的自动填充。数据的自动填充功能是快速输入技术之一,可以输入一个或几个单元格内容之后,利用自动填充功能,填充相同的数据内容,或者按照前几个输入的数据的规律来填充后续的数据,或者按照定义好的公式来填充数据。

③数据的验证。数据的验证也是数据输入的辅助工具之一。其主要是为了避免在输入数据时出现过多错误,保证数据输入的准确性,提高工作效率。

4.2.3 数据的整理

数据的整理可以让输入的数据更加整齐,更加规范。其主要操作包括行列操作、设置字体及对齐方式、设置数字的格式等。数据整理操作及其效果如表4-1所示。

表4-1 数据整理操作及其效果

操作类别	操作名称	效果图示
行列操作	调整行高和列宽	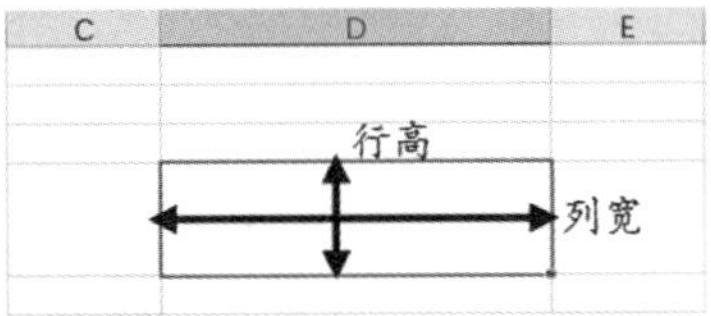
	隐藏行和隐藏列	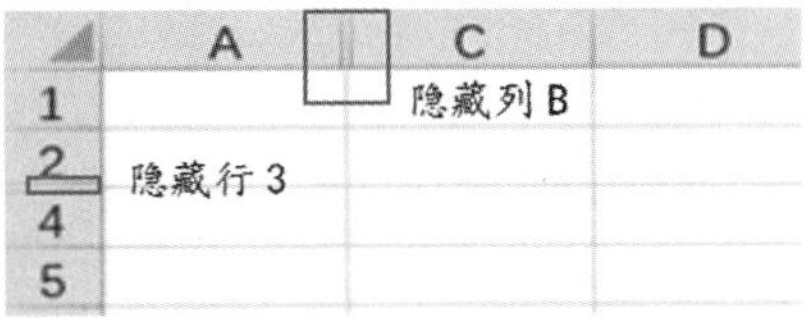
	插入行和插入列 删除行和删除列	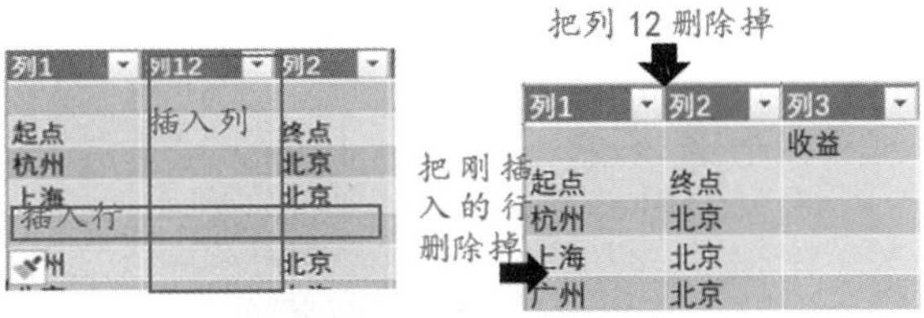
	移动行列	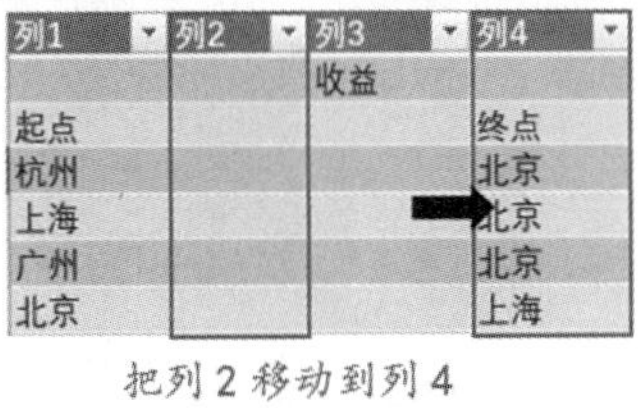
字体设置	设置字体及 对齐方式	
数字设置	设置数字的格式	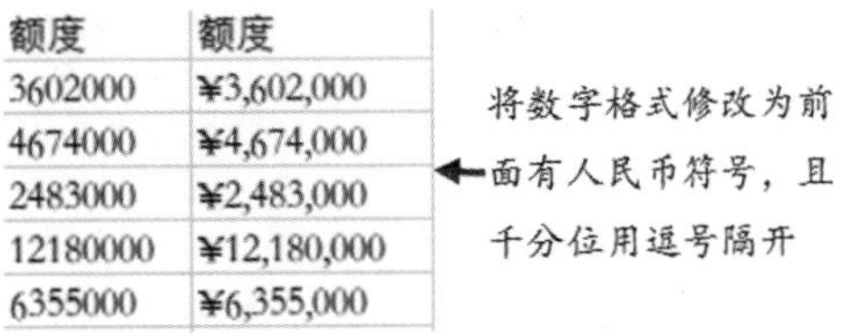

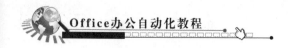

4.2.4 数据的修饰

为了使 Excel 表格更加美观,还需进行数据的修饰工作,包括设置边框、填充颜色等。除了手动设置外,Excel 还可以方便、快捷地进行单元格样式的设置、表格样式的设置及应用条件的样式设置等。除此之外,Excel 还可以直接套用内置的主题,或自定义主题并进行套用。数据修饰的操作及其效果如表 4-2 所示。

表 4-2 数据修饰的操作及其效果

类别	具体名称	解释	效果图示
手动设置	设置边框、填充颜色	手动进行表格的颜色填充和边框的设定	*（图示：带"填充颜色""设定边框"标注的表格）*
套用预置样式	单元格样式	对每个单元格套用样式,可以直接设定单元格的背景色、边框	*（图示：套用单元格样式的表格）*
	套用表格格式	整个表格套用预置的格式	*（图示：套用表格格式的表格）*

82

表4-2(续)

类别	具体名称	解释	效果图示
套用预置样式	应用条件格式	满足某些条件的单元格或区域设定某种格式,如满足条件数据加背景色等	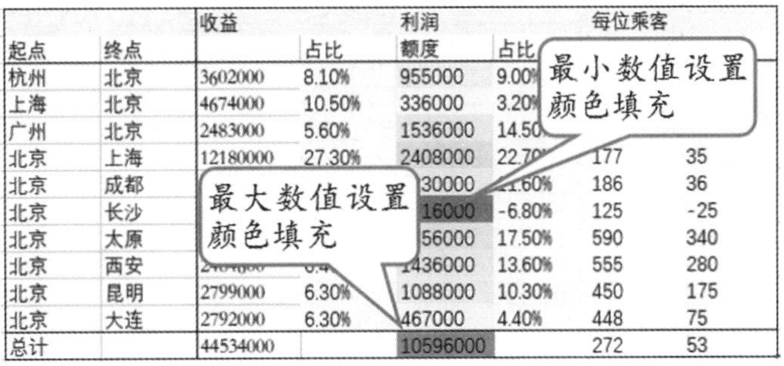
使用主题	内置主题或自定义主题	应用于整个文档的格式,包括字体、颜色等	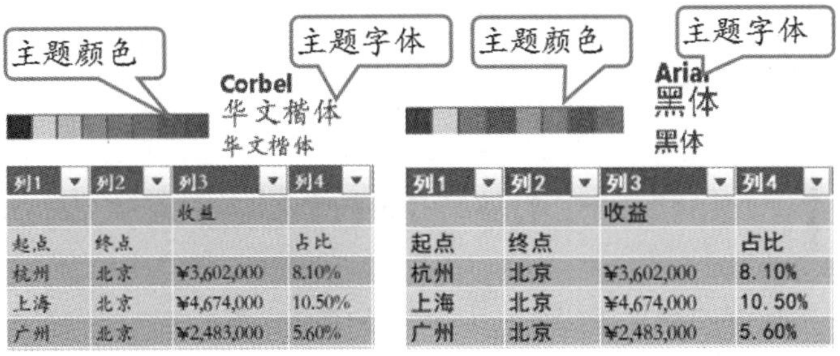

4.2.5　数据的打印

在输入数据并进行了适当的调整和修饰后,可以打印输出工作表。在输出前应对表格进行相关的打印设置,以使其输出效果更加美观。其主要操作包括打印页面的设置、打印标题的设置及打印范围的设置等。具体操作的解释如表4-3所示。

表4-3　数据打印操作解释

操作名称	解释
页面设置	对页边距、页眉、页脚、纸张大小及方向等项目进行设置
打印标题设置	当出现多页情况时,各页都要重复打印标题行,以使数据更加容易阅读和识别
设置打印份数并打印	选择打印范围,可以只打印当前工作表,也可以打印所有工作表,如果进入预览前在工作表中选择了某个区域,那么还可以只打印选定区域

利用数据打印操作之后显示的表格样式如图4-2所示。

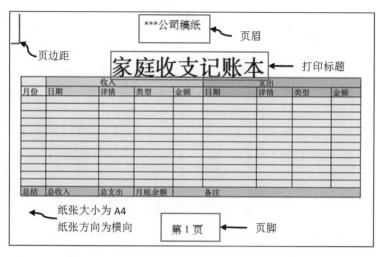

图 4-2 打印格式示例

4.3 Excel 数据输入与编辑操作

数据编辑基础操作包括数据的添加、修改和删除等工作。利用 Excel 进行数据添加的方法主要有两种,一种是简单的手动输入,另一种是自动填充。在数据输入的过程中,还可以利用数据的验证功能防止不符合规范数据的输入。

4.3.1 数据编辑基础操作

4.3.1.1 输入数据

在 Excel 中,直接可以在单元格上进行数据的输入,输入数据的基本方法就是在需要输入数据的单元格中单击鼠标,输入数据,然后按回车键或 Tab 键或方向键完成输入。单元格可以输入多种数据类型,如数值、文本、日期等。各种数据类型的输入如表 4-4 所示。

表 4-4 各种数据类型的输入

数据类型	输入内容		操作	显示效果	
数值和文本	数字	文本	在单元格中直接输入,按回车键,Excel 自动识别其为数值或文本,"数值"居右显示,"文本"居左显示	数字	文本
	001	中国		1	中国
	002	China		2	China
	003	1-2		3	1-2
	004	GB_1234		4	GB_1234
	005	"123"		5	"123"

表 4 – 4（续）

数据类型	输入内容	操作	显示效果
文本型数字	文本型数字 '001 '002 '003 '004 '130203198312120129	在单元格中首先输入西文撇号，再输入数字，回车后即显示为正确的文本型数字	文本型数字 001 002 003 004 130203198312120129
日期	日期 2022 年 6 月 30 日 2022/6/30 6/30 2022-6-30 2022-6	单元格分别输入以上日期，回车后均可以显示为日期型数据，日期会自动居右显示	日期 2022年6月30日 2022/6/30 6月30日 2022/6/30 Jun-22

文本型数字形式上看起来是数字，但实质上是文本，如序号 001，再如 18 位的身份证号。目前 Excel 的数值精度只支持 15 位，无法正确输入 18 位数字，只能以文本方式输入身份证号。在单元格中首先输入西文撇号，再输入数字，如"001""130203198312120129"，回车后即显示为正确的文本型数字。同时，Excel 支持多种日期格式，在单元格中输入日期，回车后均可以显示为日期型数据。

可以根据需要设置数据的格式，或者自定义新格式，相关内容将在"4.4.4 设置数字格式"中讲解。

4.3.1.2　修改数据

修改数据的基本方法：双击单元格进入编辑状态，直接在单元格中进行修改；或者单击要修改的单元格，然后在编辑栏中进行修改。

4.3.1.3　删除数据

删除数据的基本方法：选择数据所在的单元格或区域，按 Delete/Del 键；或者在"开始"选项卡上的"编辑"选项组中单击"清除"按钮，从打开的下拉列表中选择相应命令，可以指定要删除的对象。

4.3.2　自动填充数据

在 Excel 中，利用自动填充数据功能可以有效提高输入数据的速度和质量。本小节首先介绍自动填充的基本方法以及可以填充的内置序列，然后介绍快速填充和自定义序列的方法，对于公式的自动的填充会在第 5 章介绍。

4.3.2.1　自动填充的方法

Excel 自动填充的方法有三种，分别是拖动填充柄、使用"填充"命令和利用鼠标右键快捷菜单。具体操作及其图示如表 4 – 5 所示。

表4-5　自动填充基本方法

方法名称	操作	操作图示
拖动填充柄	活动单元格右下角的黑色小方块被称为填充柄,首先在活动单元格中输入序列的第一个数据,然后用鼠标向不同方向上拖动该单元格的填充柄,放开鼠标完成填充,所填充区域右下角显示"自动填充选项"图标,单击该图标,可从下拉列表中更改选定区域的填充方式	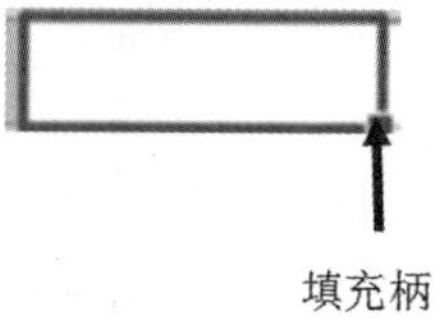 填充柄
使用"填充"命令	首先在某个单元格中输入序列的第一个数据,从该单元格开始向某一方向选择与该数据相邻的空白单元格或区域,在"开始"选项卡上的"编辑"选项组中单击"填充",从下拉列表中选择"序列"命令,在"序列"对话框中选择填充方式	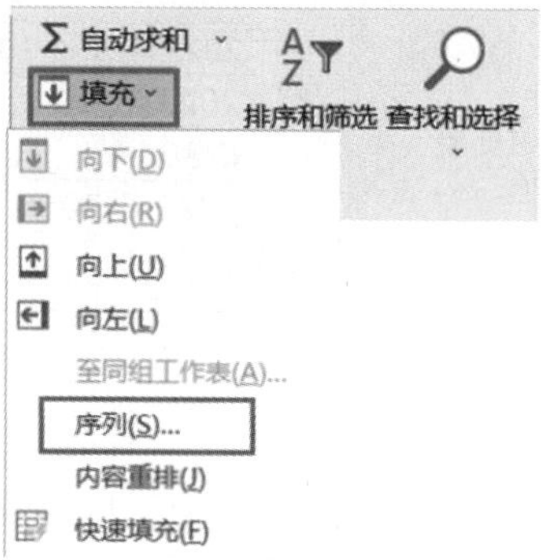 Σ 自动求和　AZ↓　排序和筛选　查找和选择 ↓ 填充 → 向下(D) ↦ 向右(R) ↑ 向上(U) ← 向左(L) 至同组工作表(A)… 序列(S)… 内容重排(J) 快速填充(F)
利用鼠标右键快捷菜单	用鼠标右键拖动含有第一个数据的活动单元格右下角的填充柄到最末一个单元格后放开鼠标,从弹出的快捷菜单中选择"填充序列"命令	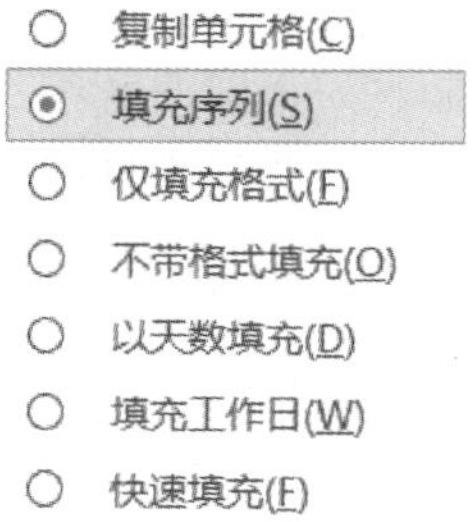 ○ 复制单元格(C) ⊙ 填充序列(S) ○ 仅填充格式(F) ○ 不带格式填充(O) ○ 以天数填充(D) ○ 填充工作日(W) ○ 快速填充(F)

4.3.2.2　可以填充的内置序列

Excel 提供一些常用的内置序列,如表4-6所示。

表4-6　内置序列

序列名称	序列样式
数字序列	1、2、3、…、2、4、6、…
日期序列	2011 年、2012 年、2013 年、… 1 月、2 月、3 月、… 1 日、2 日、3 日、…
文本序列	01、02、03、…、一、二、三、…
其他内置序列	JAN、FEB、MAR、… 星期日、星期一、星期二、… 子、丑、寅、卯、…

4.3.2.3 自定义序列

对于系统未内置而个人又经常使用的序列，可以进行自定义序列。

①基于已有项目列表的自定义填充序列。如将"第一组、第二组、第三组、第四组、第五组"作为序列存入自定义序列中。其具体步骤如下：

a. 在工作表的单元格中依次输入序列，并选中该序列，如图 4-3 所示。

b. 单击"文件"选项卡→"选项"→"高级"，向下操纵"Excel 选项"对话框右侧的滚动条，直到"常规"区出现。

c. 单击"编辑自定义列表"按钮，打开"自定义序列"对话框。

d. 确保工作表中已输入序列的单元格引用显示在"从单元格中导入序列"文本框中，单击"导入"按钮，选定项目将会添加到"自定义序列"列表框中。

e. 单击"确定"按钮完成自定义序列。

图 4-3 在"Excel 选项"对话框的"常规"区中自定义序列

②直接定义新项目列表。即在对话框中直接输入自定义序列，如图 4-4 所示，具体步骤如下：

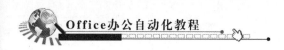

a.依次单击"文件"选项卡→"选项"→"高级",在"常规"区中单击"编辑自定义列表"按钮,打开"自定义序列"对话框。

b.在左侧的"自定义序列"列表中单击最上方的"新序列",然后在右侧的"输入序列"文本框中依次输入序列的各个项,从第一个项目开始输入,输入每个项目后按回车键确认。

c.全部项目输入完毕后,单击"添加"按钮。

d.单击"确定"按钮退出对话框,新定义的序列就可以使用了。

图4-4 在"自定义序列"对话框中直接输入自定义序列

③自定义序列的使用和删除。自定义序列完成后,即可通过下述方法在工作表中使用:在某个单元格中输入新序列的第一个项目,拖动填充柄进行填充。如需删除自定义序列,只需在"自定义序列"对话框的左侧列表中选择需要删除的序列,然后单击右侧的"删除"按钮。

4.3.2.4 快速填充

快速填充功能基于原始数据具有某种一致性规律。例如,将一列同时包含中英文名字的数据拆分为中文和英文两列,从一列身份证号中提取出生日期等。其操作步骤如下:

①输入两组或三组示例数据,让 Excel 能够自动识别出某种拆分规则。

②选择下列方法之一完成快速填充:

a.选择示例单元格及需要填充的区域,从"数据"选项卡上的"数据工具"选项组中单击"快速填充"。

b.选择示例单元格及需要填充的区域,从"开始"选项卡上的"编辑"选项组中选择"填充"→"快速填充"。

c.选择示例单元格,拖动右下角的填充柄至结束单元格,从"自动填充选项"列表中选择"快速填充"。

d.选择示例单元格及需要填充的区域,按"Ctrl + E"组合键。

如图4-5所示,利用快速填充功能可以实现中英文名称拆分的效果,先要给出两三个示范,让 Excel 能够发现其中的规律,然后再进行填充。

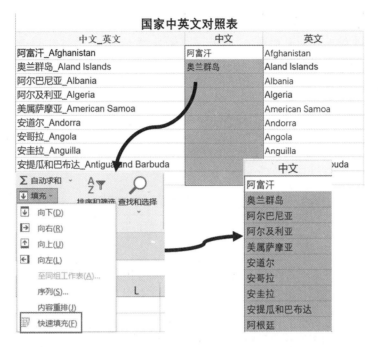

图 4-5 利用快速填充功能拆分中英文名字

4.3.3 数据验证

在数据输入过程中,为了防止输入数据不符合规范,可以在输入之前,制定数据输入的规则,如不能有重复的数据、身份证必须是18位等这样的规则,一旦输入数据不符合规范要求,则系统会给出报警,提示及时进行修正。数据验证就是用于定义可以在单元格中输入或应该在单元格中输入的数据类型、范围、格式等,通过配置数据验证规则可以防止输入无效数据,或者在输入无效数据时自动发出警告。

利用数据验证可以完成的数据规范化功能有:

①将数据输入限制为指定序列的值,以实现大量数据的快速、准确输入。

②将数据输入限制为指定的数值范围,如指定最大值和最小值、指定整数、指定小数、限制为某时段内的日期、限制为某时段内的时间等。

③将数据输入限制为指定长度的文本,如身份证号只能是18位文本。

④限制重复数据的出现,如学生的学号不能相同。

数据验证具体操作步骤:

①选择需要进行数据验证的单元格或区域。

②在"数据"选项卡上的"数据工具"选项组中单击"数据验证"按钮,从随后弹出的"数据验证"对话框中指定各种数据验证条件。

③如需取消数据验证条件,可在"数据验证"对话框中单击左下角的"全部清除"按钮。

4.4 Excel 数据整理

为了使 Excel 输入数据更加规范,需进行数据整理工作,包括行列的一些操作、设置字体及对齐方式、设置数字的格式等。在对表格进行整理前,首先需要进行单元格或单元格区域的选择。

4.4.1 选择单元格或单元格区域

在 Excel 中,选择单元格或单元格区域的方法多种多样,常用快捷方法如表 4 - 7 所示。

表 4 - 7 选择单元格或单元格区域的常用快捷方法

操作	常用快捷方法
选择单元格	用鼠标单击单元格
选择整行	单击行号选择一行;用鼠标在行号上拖动可选择连续多行;按下 Ctrl 键单击行号可选择不相邻多行
选择整列	单击列标选择一列;用鼠标在列标上拖动可选择连续多列;按下 Ctrl 键单击列标可选择不相邻多列
选择一个连续区域	在起始单元格中单击鼠标,按下左键不放拖动鼠标选择一个区域;按住 Shift 键的同时按箭头键以扩展选定区域;单击该区域中的第一个单元格,然后按住 Shift 键的同时单击该区域中的最后一个单元格
选择不相邻区域	先选择一个单元格或单元格区域,然后按下 Ctrl 键不放选择其他不相邻区域
选择整个表格	单击表格左上角的"全选"按钮 ✛,或者在空白区域中按下 Ctrl + A 组合键
选择有数据的区域	按 Ctrl + 箭头键可移动光标到工作表中当前数据区域的边缘;按 Shift + 箭头键可将单元格的选定范围向指定方向扩大一个单元格;在数据区域中按下 Ctrl + A 或者 Ctrl + Shift + * 组合键,选择当前连续的数据区域;按 Ctrl + Shift + 箭头键可将单元格的选定范围扩展到活动单元格所在列或行中的最后一个非空单元格,或者如果下一个单元格为空,则将选定范围扩展到下一个非空单元格;在数据区域中按下 Crtl + Shfit + Home 组合键,将选择到数据区域的左上角单元格;在数据区域中按下 Ctrl + Shift + End 组合键,将选择到数据区域的右下角单元格
快速定位	在"名称框"中直接输入单元格地址或选择已定义名称可直接跳转到相应位置;通过"开始"选项卡→"编辑"选项组→"查找与选择"下的各项指令,可以实现特殊定位

4.4.2 行列操作

行列操作包括行列的调整、隐藏、插入、删除和移动等操作。行列操作方法如表 4 - 8 所示。

表4-8　行列操作方法

类别	操作	基本方法	图示
调整	调整行高或列宽	用鼠标拖动行号的下边线；或者依次选择"开始"选项卡→"单元格"选项组中的"格式"下拉列表→"行高"或"列宽"命令，在对话框中输入精确值	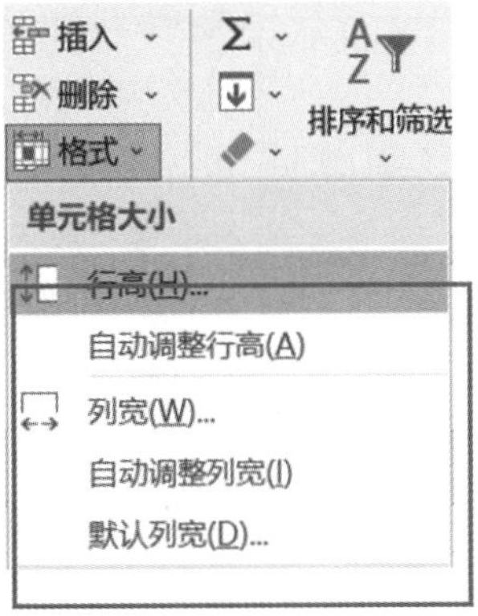 插入　Σ　A/Z　排序和筛选 删除 格式 单元格大小 行高(H)... 自动调整行高(A) 列宽(W)... 自动调整列宽(I) 默认列宽(D)...
隐藏	隐藏行或隐藏列	用鼠标拖动行号的下边线与上边线重合；或者依次选择"开始"选项卡→"单元格"选项组中的"格式"下拉列表→"隐藏和取消隐藏"→"隐藏行"或"隐藏列"命令	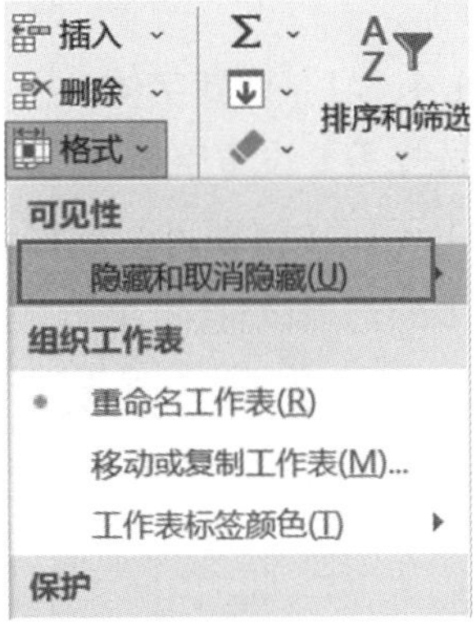 插入　Σ　A/Z　排序和筛选 删除 格式 可见性 隐藏和取消隐藏(U) 组织工作表 重命名工作表(R) 移动或复制工作表(M)... 工作表标签颜色(T) 保护
插入	插入行或列	依次选择"开始"选项卡→"单元格"选项组中的"插入"下拉列表→"插入工作表行"命令或"插入工作表列"命令，将在当前行上方插入一个空行或在当前列左侧插入一个空列	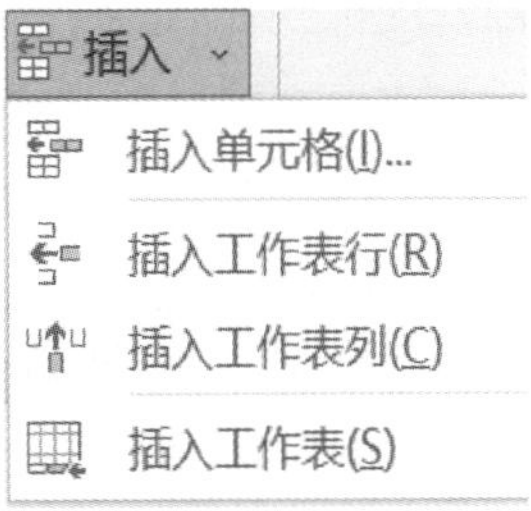 插入 插入单元格(I)... 插入工作表行(R) 插入工作表列(C) 插入工作表(S)
删除	删除行或列	选择要删除的行或列，在"开始"选项卡的"单元格"选项组中单击"删除"按钮	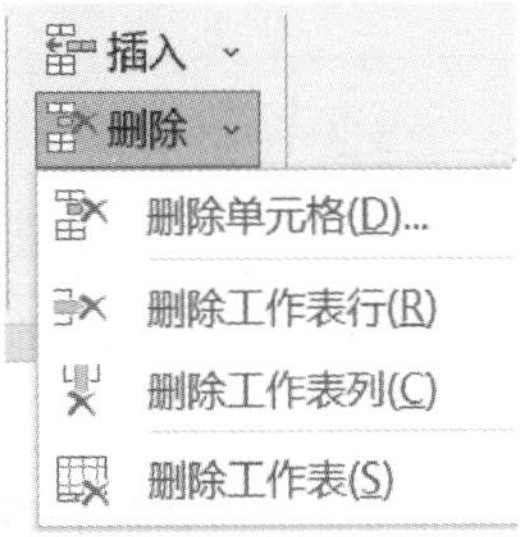 插入 删除 删除单元格(D)... 删除工作表行(R) 删除工作表列(C) 删除工作表(S)

表 4-8(续)

类别	操作	基本方法	图示
移动	移动行或列	选择要移动的行或列,将鼠标光标指向所选行或列的边线,当光标变为✛时,按下左键拖动鼠标即可实现行或列的移动。按下Shift键不放,拖动所选行或列的边线,可调整行或列的位置	

4.4.3 设置字体及对齐方式

设置单元格中数据的字体及对齐方式,可以使表格更加整齐。其设置方法与 Word 基本相同。

4.4.3.1 设置字体

选择需要设置字体、字号的单元格或单元格区域,在"开始"选项卡上的"字体"选项组中单击不同按钮即可为数据设定字体、字形、字号、下画线、颜色等各种格式。如果需要进行更多的选项设置,可单击"字体"右侧的对话框启动器,在打开的"设置单元格格式"对话框的"字体"选项卡中进行详细设置,如图 4-6 所示。其中,单击"颜色"右侧的向下箭头,可以为选定对象应用某一"主题颜色"或者"标准色";单击"其他颜色"可以自定义颜色。

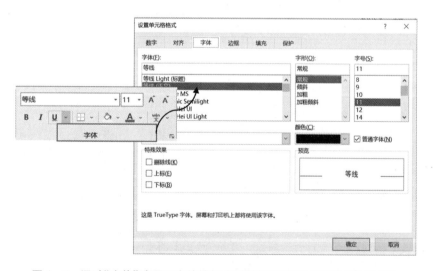

图 4-6 通过"字体"选项组中的按钮或对话框的"字体"选项卡设置字体

4.4.3.2 设置对齐方式

选择需要设置对齐方式的单元格或单元格区域,在"开始"选项卡上的"对齐方式"选项组中单击不同按钮即可设置不同的对齐方式、缩进,以及合并单元格。

如果需要进行更多的选项设置,可单击"对齐方式"右侧的对话框启动器,在打开的"设置单元格格式"对话框的"对齐"选项卡中进行详细设置,如图4-7所示。

图4-7 通过"对齐方式"选项组中的按钮或者对话框的"对齐"选项卡设置对齐方式

4.4.4 设置数字格式

通常来说,在 Excel 表格中编辑数据时需要恰当地设置数字格式,这样不仅美观,而且更便于阅读,或者使其显示精度更高。

Excel 提供的内置数字格式如表4-9所示。

表4-9 Excel 提供的内置格式

类别	格式	描述
数值	常规	默认情况下数字显示为整数、小数。当单元格宽度不够时小数自动四舍五入,较大的数字则使用科学记数法显示
	小数	可以设置小数位数,选择是否使用逗号分隔千位
	负数	可显示负数,用负号、红色、括号或者同时使用红色和括号来表示负数
	分数	根据所指定的分数类型以分数形式显示数字
	科学记数	用指数符号(E)显示较大的数字,例如 2.00 E + 05 = 200000; 4.15 E + 06 = 4150000。可以指定在 E 左边显示的小数位数,也就是精确度。例如,两位小数的"科学记数"格式将 13298765403 显示为 1.33 E + 10
	百分比	可以指定小数位数且总是显示百分号"%"
文本型数字	一般	用于设置那些表面看来是数字,但实际是文本的数据。例如序号00、002,就需要设置为文本格式才能正确显示出前面的零
	特殊	包括3种附加的数字格式,即邮政编码、中文小写数字和中文大写数字

表4-9（续）

类别	格式	描述
钱币	货币	可以设置小数位数、选择货币符号,以及如何显示负数(用负号、红色、括号或者同时使用红色和括号)。该格式总是使用逗号分隔千位
	会计专用	与货币格式的主要区别在于货币符号总是垂直对齐排列,且不能指定负数方式
时间	日期	分为多种类型,可以根据区域选择不同的日期格式
	时间	分为多种类型,可以根据区域选择不同的时间格式
自定义	自定义	如果以上的数字格式还不能满足需要,可以自定义数字格式

4.4.4.1　一般数字格式操作

设置数字格式的一般操作步骤如下:

①选择需要设置数字格式的单元格。

②在"开始"选项卡上的"数字"选项组中单击"数字格式"按钮右侧的箭头,从打开的下拉列表中选择相应格式,如图4-8所示,利用"数字"选项组的其他按钮可进行百分数、小数位数等格式的快速设置。

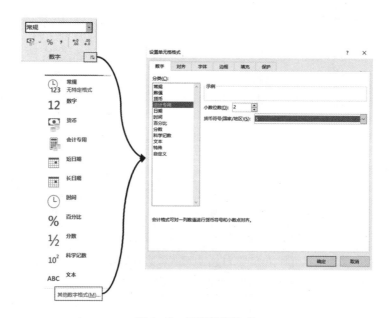

图4-8　设置数字格式

③如果需要进行更多的格式选择,可单击"数字"右侧的对话框启动器,或"数字格式"下拉列表底部的"其他数字格式"命令,打开"设置单元格格式"对话框的"数字"选项卡,进行更加精细的设置。例如,可选择"会计专用",并设定货币符号为美元"＄"。

4.4.4.2　自定义数字格式

尽管 Excel 内置了常用数字格式,但有时还希望表格中的数字显示为一些特殊格式,例如数字后自动加单位,用不同的颜色强调某些重要数据。这就需要用到自定义数字格式。

1. 自定义数字格式的书写格式

自定义数字格式的书写格式包含四部分内容,即正数格式、负数格式、零格式和文本格式。图 4-9 分别定义了大于零的数据格式、小于零的数据格式、等于零的数据格式及输入单元格的文本格式,每节之间用分号分隔。

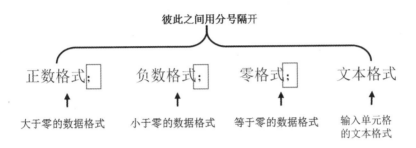

图 4-9　自定义数字格式的书写格式

定义 Excel 数字格式时需要通过占位符来构建代码,如图 4-10 所示。

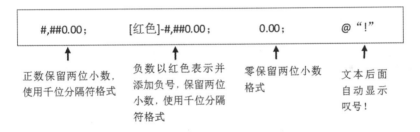

图 4-10　自定义数字格式的模型

在代码里面运用了大量的占位符,如"#""0"","""!""@"等,它们代表的具体含义如表 4-10 所示。在占位符中,"[ ]"为条件测试,常用的条件包括颜色和比较,颜色名称除了常用的"红色、绿色、蓝色"之外,还可以是英文或编号,如"[颜色 10]""[Blue]"等。也可以使用比较运算符,如 =(等于)、>(大于)、<(小于)、>=(大于或等于)、<=(小于或等于)、< >(不等于)。颜色和条件格式可同时使用,例如[红色][>=90],表示数据大于或等于 90 时以红色显示。

表4-10　Excel数字格式的常用占位符

占位符	说明	举例		
		输入	规则	输出
#	只显示有意义的零,不显示无意义的零,小数点后数字长度若大于#的数量,则按#的位数四舍五入	7.8	#.##	7.8
0(零)	如果数字长度大于占位符数量,则显示实际数字(小数点后按0位数四舍五入);如果小于占位符的数量,则用0补足	7.8	#.00	7.80
?	对于小数点任一侧的非有效零,将会加上空格,使得小数点在列中对齐,即补位	7.8 100.89	0.0?	7.8 100.89
.(句点)	在数字中显示小数点	68	##.00	68.00
,(逗号)	千位分隔符	24300	#,###	24,300
""(双引号)	要在数字中同时显示文本,可将文本字符括在双引号""内	123004.567	#,##0.00"元"	123,004.57 元
@	只使用单个@表示引用原始数据,"文本"@表示在数据前添加文本,@"文本"表示在数据后添加文本	12	"人民币"@"元"	人民币 12 元
[ ](方括号)	条件测试	12345.8	[绿色]#,###.00	绿色数字 12,345.80

2.自定义数字格式的操作步骤

①在"开始"选项卡上的"数字"选项组中单击"数字"右侧的对话框启动器,打开"设置单元格格式"对话框。

②在"数字"选项卡的"分类"列表中,选择某一个内置格式作为参考,如"会计专用"。

③单击"分类"列表最下方的"自定义",右侧"类型"文本框中将会显示当前数字格式的代码。此时,还可以在下方的代码列表中选择其他的参照代码类型。

④在"类型"下的文本框中输入、修改参照代码,生成新的格式,如图4-11所示。

⑤单击"确定"按钮完成设置。

打开一个空白的工作表,输入数据并试着应用一下自定义格式。

图4–11　自定义数字格式并进行运用

4.5　Excel 数据修饰

为了使 Excel 输入数据更加美观，还需进行数据修饰工作，包括设置边框、填充颜色等。除了手动设置外，Excel 还内置了很多样式，可以直接套用内置的主题，或自定义主题并进行套用。

4.5.1　设置边框和填充颜色

默认情况下，工作表中的网格线只用于显示，不会被打印，工作表中的背景颜色为白色，为了使表格更加美观，可以为表格添加框线和添加背景色。改变单元格边框和填充颜色的基本方法如下：

①选择需要设置边框或填充颜色的单元格，在"开始"选项卡上的"字体"选项组中单击"边框"按钮右边的箭头，从打开的下拉列表中可选择不同类型的预置边框；单击"填充颜色"按钮右边的箭头，则可为单元格填充不同的背景颜色或图案。

②如果需要进行下一步设置，可依次选择"开始"选项卡→"单元格"选项组→"格式"按钮→"设置单元格格式"命令，打开"设置单元格格式"对话框，在如图4–12(a)所示的"边框"选项卡中设置边框的位置、边框线条的样式及颜色；在如图4–12(b)所示的"填充"选项卡中指定背景色或图案。

4.5.2　套用预置样式

Excel 提供了各种预置样式，主要包括单元格样式、套用表格格式及条件格式。预置样式在"开始"选项卡上的"样式"选项组中，如图4–13所示。

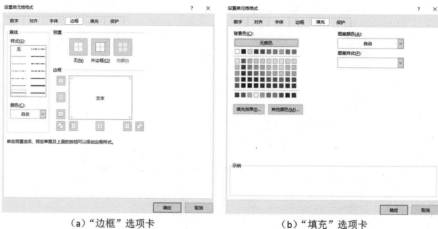

（a）"边框"选项卡　　　　　　　　　（b）"填充"选项卡

图4-12　"设置单元格格式"对话框的"边框"和"填充"选项卡

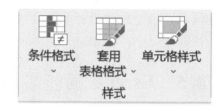

图4-13　预置样式

4.5.2.1　单元格样式

表格中的某些行或列需要添加一定的样式,这时可以使用单元格样式功能实现。其具体操作如下:

①选择需要应用样式的单元格。

②在"开始"选项卡上的"样式"选项组中单击"单元格样式"按钮或者样式列表右侧的"其他"箭头,打开预置样式列表,如图4-14(a)所示。

③单击选择某种预定样式,相应的格式即可应用到当前选定的单元格中。

④如果需要自定义样式,可单击列表中的"新建单元格样式"命令,打开如图4-14(b)所示的"样式"对话框。

⑤在该对话框中依次输入样式名,单击"格式"按钮设定相应格式,新建样式将会显示在样式列表最上面的"自定义"区域中以供选择。

⑥在某种样式上单击右键,从打开的快捷菜单中选择相应命令可修改或删除样式。

4.5.2.2　套用表格格式

当需要对整个表格使用某种格式时,可以使用套用表格格式。其具体操作如下:

①选择需要套用格式的单元格区域。注意,自动套用格式只能应用在不包含单元格的数据列表中。

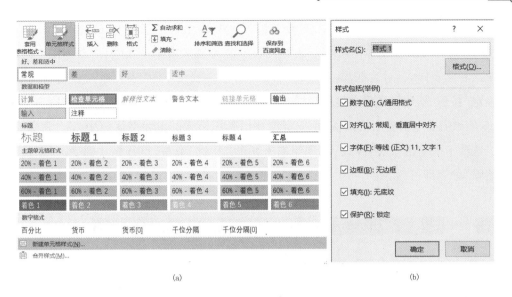

(a) (b)

图4-14 为单元格应用预置样式

②在"开始"选项卡上的"样式"选项组中单击"套用表格格式"按钮,打开预置样式列表,如图4-15(a)所示。

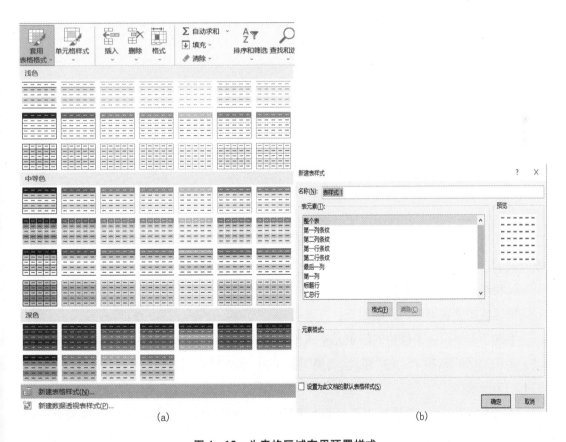

(a) (b)

图4-15 为表格区域套用预置样式

③单击选择某种预定样式,相应的格式即可应用到当前选定的单元格区域中。

④如果需要自定义快速样式,可单击列表下方的"新建表格样式"命令,打开如图4-15(b)所示的"新建表样式"对话框,输入样式"名称",指定需要设定的"表元素",设定"格式",单击"确定"按钮,新建样式将会显示在样式列表最上面的"自定义"区域中以供选择。

⑤如果需要取消套用格式,将光标定位在已套用格式的单元格区域中,在"表格工具|设计"选项卡上单击"表格样式"选项组右下角的"其他"箭头,打开样式列表,单击最下方的"清除"命令即可,如图4-16所示。

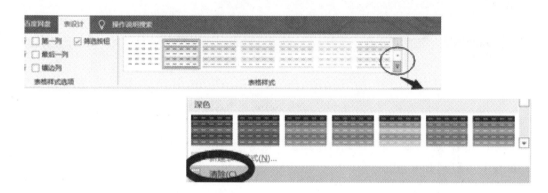

图4-16   单击右下角的向下箭头从列表中选择"清除"命令来取消套用格式

4.5.2.3   条件格式

在有些情况下,需要将满足某些条件的单元格或单元格区域设定某种格式。例如,一份成绩表中哪个成绩最好哪个成绩最差,不论这份成绩单中有多少人,利用条件格式可以快速找到并以特殊格式标示出这些特定数据所在的单元格。

Excel的条件格式可以基于设定的条件来自动更改单元格区域的外观,突出显示所关注的单元格或单元格区域,强调异常值,使用数据条、颜色刻度和图标集来直观地显示数据。

条件格式具有动态性,这意味着如果值发生更改,格式将自动调整单元格或单元格区域的显示。

1. 利用预置规则实现快速格式化

快速使用预置规则的方法如下:

①选择需要设置条件格式的单元格或单元格区域。

②在"开始"选项卡上的"样式"选项组中单击"条件格式"按钮,打开规则下拉列表,如图4-17所示。

③将光标指向某一条规则,从打开的下级菜单中单击某一预置的条件即可快速实现格式化。

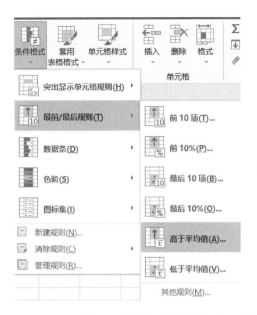

图4-17　通过"样式"选项组中的条件格式按钮选择条件规则

条件规则及其功能如表4-11所示。

表4-11　条件规则及其功能

条件规则名称	规则解释	应用案例
突出显示单元格规则	通过使用大于、小于、等于等比较运算符限定数据范围,对属于该数据范围内的单元格设定格式	在一份工资表中,可将所有大于10 000元的工资数用红色字体突出显示
最前/最后规则	选定单元格区域中的前若干个最高值或后若干个最低值	在一份学生成绩单中,可用绿色字体标示某科目排在后5名的分数
数据条	数据条可用于查看某个单元格相对于其他单元格的值。数据条的长度代表单元格中的值。数据条越长,表示值越高;数据条越短,表示值越低	例如显示节假日销售报表中最畅销和最滞销的玩具中的较高值与较低值时,数据条尤其有用
色阶	通过使用两种或三种颜色的渐变效果来直观地比较单元格区域中的数据,以显示数据分布和数据变化,比较高值与低值。一般情况下,颜色的深浅表示值的高低	在绿色和黄色的双色色阶中,可以指定数值越大的单元格的颜色越绿,而数值越小的单元格的颜色越黄
图标集	可以使用图标集对数据进行注释,每个图标代表一个值的范围	在三色交通灯图标集中,绿色的圆圈代表较高值,黄色的圆圈代表中间值,红色的圆圈代表较低值

2.定义规则实现高级格式化

可以通过自定义复杂的规则来方便地实现条件格式设置。自定义条件规则的方法如下：

①选择需要应用条件格式的单元格或单元格区域。

②在"开始"选项卡上的"样式"选项组中单击"条件格式"按钮,从打开的下拉列表中选择"管理规则"命令,打开如图4－18所示的"条件格式规则管理器"对话框。

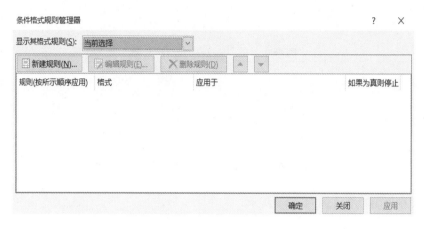

图4－18　通过"条件格式规则管理器"管理条件规则

③单击"新建规则"按钮,弹出如图4－19所示的"新建格式规则"对话框。首先在"选择规则类型"列表框中选择一个规则类型,其次在编辑规则说明区中设定条件及格式,最后单击"确定"按钮完成设置。其中,还可以通过设定公式控制复杂格式的实现。

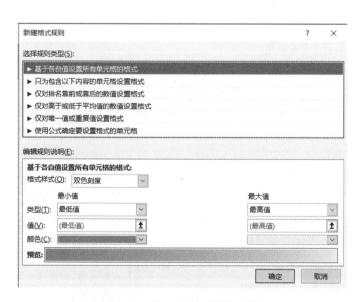

图4－19　"新建格式规则"对话框

④若要修改规则,则应在"条件格式规则管理器"对话框的规则列表中选择要修改的规

则,单击"编辑规则"按钮进行修改;单击"删除规则"按钮则可删除指定的规则。

⑤若要对同一区域对象添加多个规则,则可再次单击"新建规则"按钮进行规则设置,可通过"删除规则"右侧的上下箭头调整各个规则的作用顺序。

⑥设置完毕后单击"确定"按钮,退出对话框。

4.5.3 设定与使用主题

主题是一组可统一应用于整个文档的格式集合,包括主题颜色、主题字体(包括标题字体和正文字体)和主题效果(包括线条和填充效果)等。通过应用文档主题,可以快速设定文档格式基调并使其更加美观且专业。Excel 提供许多内置的文档主题,还允许通过自定义创建自己的文档主题。

4.5.3.1 使用内置主题

打开需要应用主题的工作簿文档,在"页面布局"选项卡上的"主题"选项组中单击"主题"按钮,打开如图4-20所示的主题列表,从中单击选择需要的主题类型。

图4-20 在"主题"选项组中打开可选主题列表

4.5.3.2 自定义主题

自定义主题包括设定颜色搭配、字体搭配、显示效果搭配等。自定义主题的基本方法如下:

①在"页面布局"选项卡上的"主题"选项组中单击"颜色"按钮选择一组主题颜色,通过"自定义颜色"命令可以自行设定颜色组合。

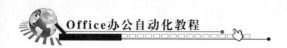

②单击"字体"按钮选择一组主题字体,通过"自定义字体"命令可以自行设定字体组合。

③单击"效果"按钮选择一组主题效果。

④保存自定义主题。在"页面布局"选项卡上的"主题"选项组中单击"主题"按钮,从列表中选择"保存当前主题"命令,在弹出的对话框中输入主题名称。

新建的主题将会显示在主题列表最上面的"自定义"区域以供选用。

4.6 打印输出工作表

在输入数据并进行了适当格式化后,就可以将工作表打印输出。在打印前应对表格进行相关的打印设置,以使其输出效果更加美观。

4.6.1 页面设置

页面设置包括对页边距,纸张方向及大小,打印区域,页眉、页脚等项目的设置。其基本的设置方法如下:

①打开要进行页面设置的工作表。

②在如图4-21所示的"页面布局"选项卡上的"页面设置"选项组中进行各项页面设置,其中:

a.设置页边距。

单击"页边距"按钮,可从打开的列表中选择一个预置样式;单击最下面的"自定义页边距"命令,打开"页面设置"对话框的"页边距"选项卡,按照需要进行上、下、左、右页边距的设置。

在对话框左下角的"居中方式"组中,可设置表格在整个页面的水平或垂直方向上居中打印。

b.设置纸张方向。

单击"纸张方向"按钮,设定横向或纵向打印。

图4-21 "页面布局"选项卡上的"页面设置"选项组

c.设置纸张大小。

单击"纸张大小"按钮,选定与实际纸张相符的纸张大小。单击最下边的"其他纸张大小"命令,打开"页面设置"对话框的"页面"选项卡,在"纸张大小"下拉列表中选择合适的纸张。

d. 设定打印区域。

可以设定只打印工作表中的一部分,设定区域以外的内容将不会被打印输出。

首先选择某个工作表区域,然后单击"打印区域"按钮从下拉列表中选择"设置打印区域"命令。

e. 设置页眉、页脚。

单击"页面设置"右侧的对话框启动器,打开"页面设置"对话框,单击"页眉/页脚"选项卡,从"页眉"或"页脚"下拉列表中选择系统预置的页眉页、脚内容,单击"自定义页眉"或"自定义页脚"按钮,打开相应的对话框,可以自行设置页眉或页脚内容,如图 4 – 22 所示。

f. 在对话框的其他选项卡中进行相应设置,单击"确定"按钮退出。

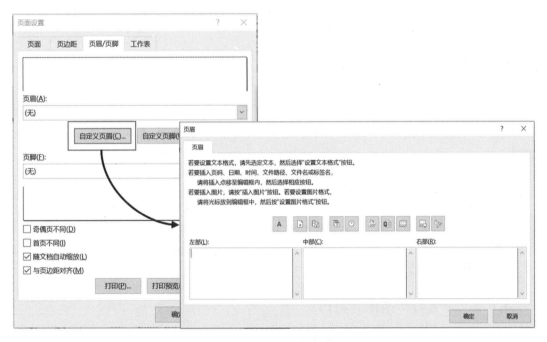

图 4 – 22　在"页眉/页脚"选项卡中可自定义页眉或页脚

4.6.2　设置打印标题

当工作表纵向超过一页长或横向超过一页宽的时候,需要指定在各页上都重复打印标题行或列,以使数据更加容易阅读和识别。

设置打印标题的基本方法如下:

①打开要设置重复标题行、列的工作表。

②在"页面布局"选项卡上的"页面设置"选项组中单击"打印标题"按钮,打开"页面设置"对话框的"工作表"选项卡,如图 4 – 23 所示。

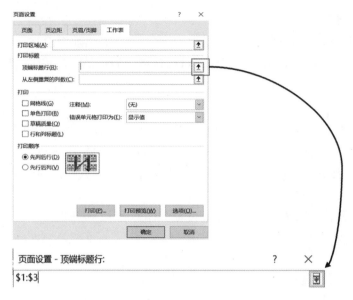

图 4-23　在"页面设置"对话框的"工作表"选项卡中设置重复打印标题

③单击"顶端标题行"框右端的"压缩对话框"按钮,从工作表中选择要重复打印的标题行行号,可以选择连续多行,例如可以指定 1～3 行为重复标题,然后按 Enter 键返回对话框。

④用同样的方法在"从左侧重复的列数"框中设置要重复的数据列。另外,还可以在"顶端标题行"或"从左侧重复的列数"框中直接输入行列的绝对引用地址。例如,可以在"从左侧重复的列数"框中输入"$ B：$ D"表示要重复打印工作表的 B 、C 、D 三列。

⑤设置完毕后单击"打印预览"按钮,当表格超宽超长时,即可在预览状态下看到在除首页外的其他页上重复显示的标题行或列。

4.6.3　设置打印范围并打印

设置完成后即可开始打印。操作步骤如下:

①打开工作簿,选择准备打印的工作表或区域。

②从"文件"选项卡上单击"打印",进入打印预览窗口。

③单击打印"份数"右侧的上下箭头指定打印份数。

④在"打印机"下拉列表中选择打印机。打印机需要事先连接到计算机并正确安装驱动程序后才能在此处进行选择。

⑤在中间的"设置"区完成各项打印设置,包括:

a.单击"打印活动工作表"选项,打开下拉列表,从中选择打印范围:可以只打印当前活动的那张工作表,也可以打印当前工作簿中的所有工作表;如果进入预览前在工作表中选择了某个区域,那么还可以只打印选定区域。

b.单击"无缩放"选项,打开下拉列表,可以设置只压缩行或列、缩放整个工作表以适合打印纸张的大小。单击列表下方的"自定义缩放选项"命令,可以按比例缩放打印工作表。

⑥单击"打印预览"窗口底部的"下一页"或"上一页"按钮,查看工作表的不同页面或不同工作表,如图4-24所示。

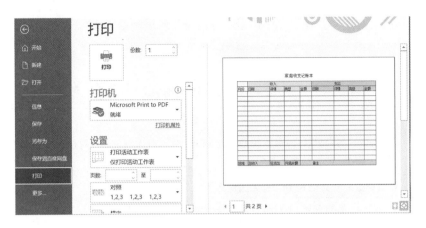

图4-24 进入打印预览窗口进行打印设置并完成打印操作

⑦设置完毕后单击"打印"按钮进行打印输出。如果暂不需要打印,只要单击左上角的返回箭头即可切换回工作表编辑窗口。

4.7 综 合 案 例

4.7.1 案例描述

对学生成绩统计信息表进行数据编辑。如图4-25所示,表一为原始表,表二为编辑后的结果。对原始表进行了三部分的编辑工作,分别是数据的输入和编辑、数据的整理及数据的修饰等。

表一

序号	学号	姓名	性别	身份证	数学成绩	考试时间
1	20220101	李达	男	130203200103150013	95	43647
2	20220302	霍元龙		13020320004230013X	78	43647
	20224103	史仲俊	男	13022420010419001	65	43647
	20224103	陈达海	男	130903200004280013	58	43647

表二

序号	学号	姓名	性别	身份证	数学成绩	考试时间
1	20220101	李达	男	130203200103150013	"优秀"	2019年07月01日 周一
2	20220302	霍元龙		13020320004230013X	"及格"	2019年07月01日 周一
3	20224103	史仲俊	男 女	13022420010419001	"及格"	2019年07月01日 周一
4	20224103	陈达海	男	130903200004280013	"不及格"	2019年07月01日 周一

图4-25 数据编辑原始表和处理表的对比

4.7.1.1 数据的输入和编辑工作

①自动填充。如图 4 - 25 所示,在表一中,"序号"列只填写了前两个,需利用自动填充功能对后续序号进行自动填充,填充结果如表二所示。

②数据验证。对于"学号""性别"及"身份证"列进行数据验证工作,具体要求如表 4 - 12 所示。

表 4 - 12   示例数据要求

数据列	要求效果
性别	只能输入"男"或"女",用下拉箭头选择;性别列输入"female"后按回车键,错误提示"性别输入错误,只能是男或女"
身份证	限制身份证号只能是 18 位,无法输入不符合要求的身份证号
学号	学号唯一,不能重复,不符合要求的学号

4.7.1.2 数据的整理工作

1. 自定义数字格式

对考试时间和数学成绩进行格式转换,转换要求如表 4 - 13 所示。

表 4 - 13   自定义数字格式转换要求

列名	输入内容	输出格式
考试时间	2019 - 7 - 1	2019 年 07 月 01 日周一
数学成绩	95 78 65 58	大于或等于 90 显示为红色的"优秀",大于或等于 60 显示为蓝色的"及格",小于 60 显示为绿色的"不及格"

2. 设置行高和对齐方式

如图 4 - 25 所示,表一的行高不一,而且单元格有靠右对齐的也有靠左对齐的。将表的行高统一设为 50,并统一设为居中对齐。

4.7.1.3 数据的修饰工作

表一没有任何的样式,利用"套用表格样式"对整个表格的样式进行设置。

4.7.1.4 打印输出工作

按照下列要求对案例文档"打印输出案例素材. xlsx "进行打印设置并输出为 PDF 文档。

纸张横向并水平,居中,打印在 A5 纸上;设置工作表的第 3 行内容重复出现在每一页上。

仅将工作表数据区域 B1:G33 设为打印区域;在页眉中间位置显示文档路径和文件名,

在页脚左侧显示页码,右侧显示文字"家庭收支记账本"。

4.7.2　流程设计

针对前面提出的数据编辑要求,绘制操作流程如图 4 - 26 所示。

4.7.3　操作步骤

4.7.3.1　数据输入与编辑工作

1. 自动填充

①打开案例文档"数据验证案例. xlsx"的工作表"素材"。

②选中区域 A2:A3,在活动单元格右下角的小方块,已成为填充柄,双击该填充柄,完成填充。

2. 数据验证

①"性别"列的验证。

a. 打开案例文档"数据验证案例. xlsx"的工作表"素材"。

b. 选择"性别"列区域 D2:D25。

c. 依次选择"数据"选项卡→"数据工具"选项组中的"数据验证"按钮→"数据验证"命令,打开"数据验证"对话框。

d. 单击"设置"选项卡,从"允许"下拉列表中选择"序列"命令,如图 4 - 27 所示。

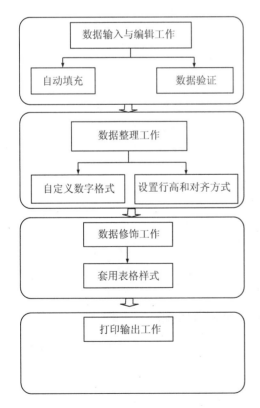

图 4 - 26　设计步骤

图 4 - 27　将验证条件设置为按指定序列输入

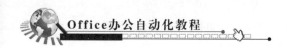

e.在"来源"文本框中依次输入序列值"男,女",每个值之间使用西文逗号分隔,如图4-27所示。

f.确保"提供下拉箭头"复选框被选中,否则将无法看到单元格旁边的下拉箭头。

g.设置输入错误提示语。单击"出错警告"选项卡→确保"输入无效数据时显示出错警告"复选框被选中→从"样式"下拉列表中选择"停止",在右侧的"标题"框中输入"输入错误提示"→在"错误信息"框中输入"性别输入错误,只能是男或女!",如图4-28(a)所示。

h.设置完毕后,单击"确定"按钮退出对话框。

i.单击C2单元格,右侧出现一个下拉箭头。单击该下拉箭头,从下拉列表中选择"男"。在C3单元格中输入"female",回车后将会出现提示信息,如图4-28(b)所示。

②身份证号列的验证。

a.选择身份证号列区域E2:E25→打开"数据验证"对话框,依次选择"设置"→"允许"下拉列表→"文本长度"→在"数据"下拉列表中选择"等于"→在"长度"框中输入"18"。

b.选择区域E2:E25,依次选择"数据"选项卡→"数据工具"选项组中的"数据验证"按钮→"圈释无效数据"命令,会对身份证无效数据进行圈释。

c.对圈出的数据进行修改。

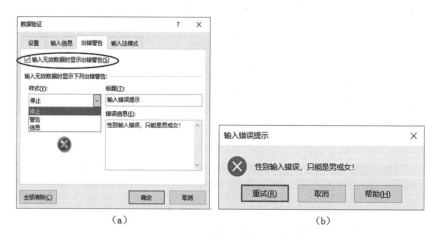

(a)   (b)

图4-28　为数据验证设置出错警告信息

③学号列的验证。

a.选择区域A2:A25→打开"数据验证"对话框,依次选择"设置"→"允许"下拉列表→"自定义"→在"公式"框中输入公式"=countif($A$2:$A$25,A2)=1"。

b.选择学号列区域A2:A25,依次选择"数据"选项卡→"数据工具"选项组中的"数据验证"按钮→"圈释无效数据"命令,会对学号重复数据进行圈释。

c.对圈出的数据进行修改。

4.7.3.2　数据整理工作

1.自定义数字格式

①"数学成绩列"自定义数字格式。

a. 打开案例文档"数据验证案例.xlsx"的工作表"素材"。

b. 选中数学成绩列区域 F2:F25,单击"数字"选项组右侧的对话框启动器,打开"设置单元格格式"对话框。

c. 然后单击"分类"列表最下方的"自定义"。

d. 在"类型"下的文本框中输入、修改参照代码,代码为"yyyy 年 mm 月 dd 日[$ -zh-CN]aaa;@"。

e. 单击"确定"按钮完成设置。

②"考试时间"列自定义数字格式。

a. 选中考试时间列区域 G2:G25,单击"数字"选项组右侧的对话框启动器,打开"设置单元格格式"对话框。

b. 然后单击"分类"列表最下方的"自定义"。

c. 在"类型"下的文本框中输入、修改参照代码,代码为"[红色][>=90]"优秀";[蓝色][>=60]"及格";[绿色]"不及格""。注意,代码标点符号均为西文符号。

d. 单击"确定"按钮完成设置。

2. 设置行高和对齐方式

①为表格添加标题

a. 打开案例文档"数据验证案例.xlsx"的工作表"素材"。

b. 点击行号 1。

c. 选择"开始"选项卡→"单元格"选项组→点击"插入"下拉列表的"插入工作表行"。

d. 在当前行上方插入一个空行。

e. 选中刚添加行的 A1:G1 区域。

f. 选择"开始"选项卡→"对齐方式"选项组→点击"合并后居中"按钮,并在合并后单元格中输入表格标题"学生成绩统计表"。

g. 点击合并单元格,选择"开始"选项卡→"样式"选项组→点击"单元格样式"按钮。

h. 在"标题"选项中,选择第一个"标题"样式。

②设置行高

a. 选中标题和整个表格区域 A1:G26。

b. 选择"开始"选项卡→"单元格"选项组中的"格式"下拉列表→"行高"命令,在对话框中输入精确值"28.5",点击"确定"按钮。

③设置对齐方式

a. 选中表格区域 A2:G26。

b. 在"开始"选项卡上的"对齐方式"选项组中单击"居中"的对齐方式。

4.7.3.3　数据修饰工作

①打开案例文档"数据验证案例.xlsx"的工作表"素材"。

②选中表格区域 A2:G26。

③在"开始"选项卡上的"样式"选项组中单击"套用表格格式"按钮,打开预置样式列表,从中单击选择预定样式。

4.7.3.4 打印输出工作

①打开案例文档"数据验证案例.xlsx"的工作表"素材"。

②选择"视图"选项卡→"工作簿视图"选项组中的"分页预览"按钮。

③将"第一页"右端分界线拖拽到表格的右侧末端。

④选择"页面布局"选项卡→"页面设置"选项组的对话框启动器。

⑤在对话框的"页面"选项卡中选择方向为"横向"、纸张大小为 A5。

⑥在"页边距"选项卡中设置居中方式为"水平"。

⑦在"工作表"选项卡的"打印区域"中选择表格区域 A1:G26;在"顶端标题行"中输入"＄2:＄2"或选择第2行。

⑧在"页眉/页脚"选项卡中,单击"自定义页眉"按钮,在"中部"文本框填写"三班数学成绩";单击"自定义页脚"按钮,在"中部"文本框中,点击"插入页码"按钮。

⑨从"文件"选项卡上单击"打印"命令,从"打印机"列表中选择一个 PDF 虚拟打印机,单击"打印"按钮,输入 PDF 文件名为"打印输出.pdf",并存放到指定的文件夹中。打印输出结果如图 4 - 29 所示。

三班数学成绩

学生成绩统计表

序号	学号	姓名	性别	身份证	数学成绩	考试时间
1	20220101	李达	男	130203200103150013	"优秀"	2019年07月01日周一
2	20220102	霍元龙	女	130203200004230014	"及格"	2019年07月01日周一
3	20220103	史仲俊	男	130224200104190010	"及格"	2019年07月01日周一
4	20220104	陈达海	男	130903200004280013	"不及格"	2019年07月01日周一
5	20220105	刘於义	男	110108196301020119	"优秀"	2019年07月01日周一
6	20220106	花剑影	女	110105198903040128	"及格"	2019年07月01日周一
7	20220107	万震山	男	310108197712121139	"及格"	2019年07月01日周一
8	20220108	任飞燕	男	372208197510090512	"不及格"	2019年07月01日周一
9	20220109	林玉龙	男	110101197209021144	"优秀"	2019年07月01日周一
10	20220110	杨中慧	女	110108197812120129	"及格"	2019年07月01日周一
11	20220111	袁冠南	男	410205196412278211	"及格"	2019年07月01日周一
12	20220112	常长风	男	110102197305120123	"不及格"	2019年07月01日周一
13	20220113	卓天雄	男	551018198607311116	"优秀"	2019年07月01日周一
14	20220114	马钰	女	372208197310070512	"及格"	2019年07月01日周一
15	20220115	盖一鸣	男	410205197908278231	"及格"	2019年07月01日周一

1

图 4 - 29 打印输出结果

三班数学成绩

序号	学号	姓名	性别	身份证	数学成绩	考试时间
16	20220116	逍遥玲	男	110106198504040127	"不及格"	2019年07月01日 周一
17	20220117	周威信	男	370108197202213159	"优秀"	2019年07月01日 周一
18	20220118	徐霞客	女	610308198111020379	"及格"	2019年07月01日 周一
19	20220119	杜学江	男	420316197409283216	"及格"	2019年07月01日 周一
20	20220120	丁勉	男	327018198310123015	"不及格"	2019年07月01日 周一
21	20220121	萧半和	男	110105196410020119	"优秀"	2019年07月01日 周一
22	20220122	徐霞客	女	110103198111090028	"及格"	2019年07月01日 周一
23	20220123	丁勉	男	13022420010419001	"及格"	2019年07月01日 周一
24	20220124	杜学江	男	130903200004280013	"不及格"	2019年07月01日 周一

2

图 4 - 29(续)

第 5 章　Excel 数据计算与统计操作

Excel 数据
计算与统计操作

本章介绍 Excel 数据计算与统计操作,包括公式的创建、函数的应用、数组公式的创建等。通过本章的学习,读者不仅能够加深理解 Excel 数据计算与统计操作在办公软件处理中的重要性,而且能够善于利用 Excel 工具,方便、快捷地完成数据统计、计算的工作。

5.1　概念及意义

5.1.1　Excel 数据计算与统计的定义

Excel 数据计算与统计是指借助 Excel 数据工具来完成数据的处理、统计、分析的过程。这里的工具是泛指,包括内置的函数、数组、公式等工具。

5.1.2　Excel 数据计算与统计的意义

Excel 数据计算与统计工具,可以极大地提高数据分析统计的效率,具有快捷性和易上手的特点,显著降低了数据处理和分析的难度,几乎让每个人都可以完成基本的处理和分析,对于提高工作效率,快速利用数据发现问题并及时改善具有非常重要的意义。

5.2　主　要　内　容

5.2.1　认识公式

在 Excel 数据处理过程中,经常会遇到运用函数构造公式,使得某个单元格为其他单元格数据计算的结果,如图 5 – 1 所示,B12 就是在上面各个收益值加和的情形下再加上一个常量 4 000。

在 Excel 中,公式总是以等号" = "开始。构成公式的常用要素如表 5 – 1 所示。

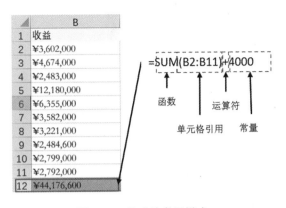

图 5 - 1 公式的书写样式

表 5 - 1 构成公式的常用要素

名称	解释
函数	Excel 事先编辑好的公式。如求和函数 SUM、平均值函数 EVERAGE、条件函数 IF 等
单元格引用	用于表示函数运算所需数据的单元格所处位置。如"B2:B11"就是位置 B2 到位置 B11 所包含的数据。"SUM(B2:B11)"就是将 B2 到 B11 所包含的数据加和
运算符	公式中常用的运算符有算术运算符(如加号 +、减号或负号 -、乘号 *、除号/、乘方^)、字符连接符(如字符串连接符 &)、关系运算符(如等于 =、不等于 < >、大于 >、大于或等于 > =、小于 <、小于或等于 < =)、括号等。通过运算符可以构建复杂公式,完成复杂运算
常量	那些固定的数值或文本。例如,数字"210"和文本"姓名"均为常量

5.2.2 认识函数

函数是为解决复杂计算需求而提供的一种预定义公式。Excel 提供大量预置函数以供选用,如求和函数 SUM、平均值函数 EVERAGE、字符连接函数 CONCATENATE 等。

如图 5 - 2 所示,单元格 F1 为单元格 D1 和单元格 E1 两个字符连接而成,其函数书写为" = CONCATENATE(D1,E1)",其中"CONCATENATE"为函数名,括号里的"D1,E1"为参数,括号中的参数可以有多个,中间用逗号分隔,其中方括号[ ]中的参数是可选参数,而没有方括号的参数是必需的,有的函数可以没有参数。函数中的参数可以是常量、单元格引用、数组、已定义的名称、公式、函数等。

5.2.2.1 函数的分类

Excel 提供大量工作表函数,并按其功能进行分类,如表 5 - 2 所示。

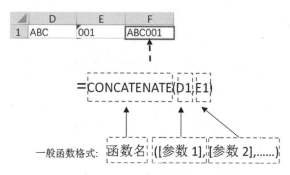

图 5-2 函数格式示例

表 5-2 Excel 函数类别

函数类别	函数示例	说明
财务函数	NPV(rate,value1,［value2］,…)	通过使用贴现率及一系列未来支出和收入,返回一项投资的净现值
日期和时间函数	YEAR(serial_number)	返回某日期对应的年份
数学和三角函数	INT(number)	将数字向下舍入到最接近的整数
统计函数	AVERACE(number1,［number2］,…)	返回参数的算术平均值
查找和引用函数	VLOOKUP(lookup_value,table_array,col_index_num,［range_lookup］)	搜索某个单元格区域的第一列,然后返回该区域相同行上任何单元格中的值
数据库函数	DCOUNTA(database,field,criteria)	返回列表或数据库中满足指定条件的记录字段(列)中的非空单元格的个数
文本函数	MID(text,start_num,num_chars)	返回文本字符串中从指定位置开始的指定数目的字符
逻辑函数	IF(logical_test,［value_if_true］,［value_if_false］)	如果指定条件的计算结果为 TRUE,IF 函数将返回某个值;如果该条件的计算结果为 FALSE,则返回另一个值
信息函数	ISBLANK(value)	检验单元格值是否为空,若为空则返回 TRUE
工程函数	CONVERT(number,from_unit,to_unit)	将数字从一个度量系统转换到另一个度量系统中。例如,函数 CONVERT 可以将一个以"英里"为单位的距离表转换成一个以"千米"为单位的距离表
兼容性函数	RANK(number,ref,［order］)	返回一个数字在数字列表中的排位,已为 RANK. AVC 和 RANK. EQ 所取代。注释:该类函数专为保持与以前版本兼容性而设置,已由新函数代替

表 5 – 2（续）

函数类别	函数示例	说明
多维数据集函数	CUBEVALUE（connection，member_expression1，member_expression2，…）	从多维数据集中返回汇总值
Web 函数	WEBSERVICE(url)	从 Internet 或 Intranet 上的 Web 服务返回数据

5.2.2.2　常用函数简介

Excel 常见函数、格式及示例如表 5 – 3 所示。

表 5 – 3　Excel 常见函数、格式及示例

函数	功能	格式及示例
求和函数	相加求和	可以是区域、单元格引用、数组、常量等。 =SUM(n1,[n2],.....) =SUM(A1:A5)　←将单元格 A1 至 A5 中所有数值相加 =SUM(A1 ,A3 ,A5)　←将单元格 A1、A3 和 A5 中的数值相加
条件求和函数	指定单元格区域符合条件的值求和	计算单元格区域　可选计算单元格区域 求和条件 =SUMIF(range, criteria, [sum_range]) =SUMIF(B2:B25,">5")　←对 B2:B25 区域中大于 5 的数值进行相加 =SUMIF(B2:B5,"John" ,C2:C5)　←将单元格 A1、A3 和 A5 中的数值相加
多条件求和函数	指定单元格区域中满足多个条件的值求和	计算单元格区域 求和条件 1 及其应用区域　　求和条件 2 及其应用区域 =SUMIFS(range, criteria_range1,criteria1, [criteria_range2,criteria2] ...) =SUMIFS(A1:A20,B1:B20,">0",C1:C20,"<10") 对区域 A1:A20 中符合以下条件的单元格的数值求和:条件一为 B1: B20 中的数值大于零；条件二为 C1:C20 中的数值小于 10

表 5 - 3(续1)

函数	功能	格式及示例
绝对值函数	返回绝对值	=ABS (number) =ABS(-2) ◄——————-2 的绝对值,结果为 2 = ABS(A2) ◄——————单元格 A2 的绝对值
向下取整函数	向下舍入取整	= INT (number) =INT(8.9) ◄—— 将 8.9 向下舍入到最接近的整数,结果为 8 = INT(-8.9) ◄—— 将-8.9 向下舍入到最接近的整数,结果为-9
四舍五入函数	按指定位数四舍五入	= ROUND(num , digits) =ROUND(25.7825,2) ◄—— 将数值 25.7825 四舍五入为小数点后两位 向上舍入用 ROUNDUP 函数, 向下舍入用 ROUNDDOWN 函数
取整函数	去掉小数取整	= TRUNC(number , [num_digits]) =TRUNC(8.9) ◄——— 取 8.9 的整数部分,结果为 8 =TRUNC(-8.9) ◄——— 取-8.9 的整数部分,结果为-8
按基数倍数向上舍入	向上舍入为最接近的基数的倍数	= CEILING (number , significance) =CEILING(6.32,0.5) ◄—— 将6.32向上到最接近的0.5的倍数,结果为 6.5 =CEILING(6.5,0.5) ◄—— 结果仍为 6.5
垂直查询函数	搜索指定区域第 1 列,返回该区域相同行上指定单元格中的值	要搜索的值　要查找的单元格区域　最终返回数据所在列号　精确或近似匹配值 = VLOOKUP (lookup_value , table , col_index , [range_lookup])) =VLOOKUP(1,A2:C10,2) 　要查找区域为 A2:C10, 使用近似匹配搜索 A 列中的值 1, 如果 A 列中没有 1, 则近似找到 A 列中小于 1 且与 1 最接近的值, 然后返回同一行中 B 列(第 2 列)的值 =VLOOKUP(0.7,A2:C10,3 ,FALSE) 　表示使用精确匹配在 A 列中搜索值 0.7。如果 A 列中没有 0.7 这个值, 则返回一个错误值#N/A

表 5 – 3(续 2)

函数	功能	格式及示例
逻辑判断函数	若指定条件的结果为 TRUE,返回某个值;若条件计算结果为 FALSE,则返回另一个值	logical_test 为 FALSE 时的返回值 logical_test 为 TRUE 时的返回值 判断条件 = IF (logical_test,[value_if_true],[value_if _false]) =IF(A2>=60,"及格" , "不及格") 如果单元格 A2 中的值大于等于 60,则显示"及格"字样,否则显示"不及格"字样 =IF (A2>=90, "优秀", IF(A2>=80,"良好" ,IF(A2>=60,"及格","不及格"))) 表格见下： 	单元格 A2 中的值	公式单元格中显示的内容
---	---
A2>=90	优秀
90>A2>=80	良好
80>A2>=60	及格
A2<60	不及格	
时间函数	返回想要的时间、日期或年份		函数名称	格式	解释
---	---	---
当前日期和时间函数	NOW()	返回当前期和时间
获取年份函数	YEAR(serial_number)	返回年份
当前日期函数	TODAY()	返回今天的日期	
平均值函数	指定参数的算术平均值	= AVERAGE(number1 ,[number2],…) = AVERACE (A2:A6)　←　对单元格区域 A2 到 A6 中的数值求平均值 =AVERAGE(A2:A6,C6)　←　对单元格区域 A2 到 A6 及 C6 中的数值求平均值
条件平均值函数	指定区域满足条件的单元格值的平均值	= AVERAGEIF (range , criteria, [average_range]) = AVERACEIF(A2:A5 , "<5000")　←　单元格区域 A2:A5 中小于 5 000 的数值的平均值 =AVERAGEIF(A2:A5,">5000",B2:B5)　←　对单元格区域 B2:B5 和 A2:A5 中大于 5 000 的单元格值求平均值

表 5-3(续3)

函数	功能	格式及示例
多条件平均值函数	满足多条件的单元格值的平均值	=AVERAGEIFS(range,criteria_range1,criteria1,…) ==AVERAGEIFS (A1:A20,B1:B20,"=四班",C1:C20,">=90") 对区域 A1,A20 中符合以下条件的单元格的数值求平均值:B1:B20 中的数据为"四班"且 C1:C20 中的相应数值大于等于 90
数值单元格计数函数	统计指定区域中包含的单元格个数	= COUNT(value1 ,[value2],…) = COUNT(A2:A8) ←统计单元格区域 A2:A8 中包含单元格的个数
非空单元格计数函数	统计指定区域不为空单元格的个数	= COUNTA(value1 ,[value2],….) =COUNTA(A2:A8) ← 统计单元格区域 A2:A8 中非空单元格的个数
条件计数函数	统计指定区域满足条件的单元格的个数	= COUNTIF (range , criteria) =COUNTIF(B2:B5," >55") ← 统计单元格区域 B2 到 B5 中值大于 55 的单元格的个数
多条件计数函数	统计指定区域符合多个条件的单元格的个数	=COUNTIFS(range1 , criteria1, [range2 ,criteria2],…) =COUNTIFS(A2:A7 ,">80", B2:B7, " <100") 统计单元格区域 A2:A7 中大于 80 且在单元格区域 B2:B7 中小于 100 的单元格的数量
最大值函数	返回最大值	= MAX (number1 , [number2],…) =MAX(A2:A6) ← 从单元格区域 A2:A6 中查找并返回最大值
最小值函数	返回最小值	= MIN(number1 ,[number2],….) =MIN(A2:A6) ← 从单元格区域 A2:A6 中查找并返回最小值
排位函数	返回一个数值在指定数值列表中的排位	要查找的数值列表所在的位置 要确定排位的数值 指定数值列表的排序方式 = RANK.EQ(number,ref,[order]) =RANK.EQ("3.5",A2:A6,1) ← 返回数值 3.5 在单元格区域 A2:A6 的数值列表中的升序排位

表 5 – 3（续 4）

函数	功能	格式及示例
文本合并函数	将几个文本项合并为一个文本项	= CONCATENATE(text1 ,[text2],…) ------------------------------ =CONCATENATE(B2," ",C2) 将单元格 B2 中的字符串、空格字符，以及单元格 C2 中的字符串相连接，构成一个新的字符串
截取字符串函数	从文本字符串的指定位置开始返回指定个数字符	第一个字符在文本字符串 text 中的位置 文本字符串　　　　　　　字符个数 ==MID(text , start_num , num_chars) ------------------------------ =MID(A2,7,4))　←　从单元格 A2 中的文本字符串的第 7 个字符开始提取 4 个字符
左侧截取字符串函数	从文本字符串最左边开始返回指定个数字符	= LEFT (text, [num_chars]) ------------------------------ =LEFT(A2,4)　←　从单元格 A2 中的文本字符串中提取前 4 个字符
右侧截取字符串函数	从文本字符串最右边开始返回指定个数字符	= RIGHT (text,[num_chars]) ------------------------------ =RIGHT (A2.4)　←　从单元格 A2 中的文本字符串中提取后 4 个字符
删除空格函数	删除指定文本或区域的空格	=TRIM(text) ------------------------------ =TRIM（"第 1 季度"）　←　删除中文文本的前导空格、尾部空格及字间多余空格
字符个数函数	返回指定字符串字符个数	= LEN(text) ------------------------------ =LEN(A2)　←　统计单元格 A2 中的字符串的长度

5.2.3　认识数组公式

5.2.3.1　数组公式的应用

数组是有序的元素序列，是用于储存多个相同类型数据的集合。数据元素可以是数值、文本、日期、逻辑、错误值等。数据元素以行和列的形式组织起来，构成一个数据矩阵。Excel 支持一维和二维数组。一维数组仅由单行或单列数据构成，二维数组则由多行多列数据构成。

数组公式是一类特殊的 Excel 公式，它对一组或多组数据进行计算并返回一个或多个结果。如果数组公式返回多个值并呈现在一个单元格区域内，这样的公式称为多单元格公式。如果数组公式仅位于某个单元格中且返回一个结果，则称为单个单元格公式。其操作很简单,选定操作区域,在公式栏输入公式,按"Ctrl + Shift + Enter"组合键即可。表5-4列出了数组公式常用的形式。

表5-4　数组公式常用的形式

操作	应用	公式	图示
创建	一维横向	$f_x = \{1,2,3\}$ 多单元格公式	A列1、B列2、C列3（行1）
	一维纵向	$f_x = \{"a";"b";"c";"d"\}$ 多单元格公式	A列:1=a、2=b、3=c、4=d
	二维	$f_x = \{"商品名称","单价";"苹果",4.5;"橘子",1.5;"青豆",2.2\}$ 多单元格公式	商品名称/单价：苹果 4.5、橘子 1.5、青豆 2.2
运算	计算各商品金额	$f_x = b2:b5 * c2:c5$ 多单元格公式	商品名称/单价/购买重量/金额：苹果 4.5 4 18、橘子 1.5 10 15、青豆 2.2 5 11、大米 2.5 20 50
	计算总金额	$f_x = \mathrm{SUM}(b2:b5 * c2:c5)$ 单个单元格公式	商品名称/单价/购买重量/金额：苹果 4.5 4 18、橘子 1.5 10 15、青豆 2.2 5 11、大米 2.5 20 50

5.2.3.2　数组公式的运算与扩展

当数组进行加、减、乘、除、幂等运算时,两个数组相同位置的元素一一对应,进行运算后,如果参与运算的两个数组的维数不同或二维数组的行数或列数不同,Excel 会对数据的行列进行扩展,以获取符合操作所需要的行列数。数组扩展的基本原则是,每个运算对象的行数必须和含有最多行的运算对象的行数一样,而列数也必须和含有最多列数对象的列数一样。通常情况下,不同形式的数组在运算中自动扩展时一般会遵循以下规则:

①规则一:对常数所有的扩展,空位都填写该常数。

②规则二:当单行一维数组进行扩展时,扩展出来的每一行的数据和首行相同,扩展列

的数据则填写错误值#N/A。

③规则三:当单列一维数组进行扩展时,扩展出来的每一列的数据和首列相同,扩展行的数据则填写错误值#NA。

④规则四:当对二维数组进行扩展时,扩展出的行列数据,有效元素之外填写错误值#N/A。

数据公式的运算与扩展应用如表5-5所示。

表5-5　数据公式的运算与扩展应用

类别	公式	扩充规则及运算方法	结果
同行同列数组	= SUM({1,2,3} + {4,5,6})	无扩充,一一对应计算	1+4、2+5和3+6的和,即21
数组与单数据	= SUM({1,2,3} + {4})	依据规则一,将数据自动扩充数组。 = SUM({1,2,3} + {4,4,4})	1+4、2+4和3+4的和,即18
单列与单行数组	= SUM({1,2} + {4;5;6})	依据规则二,单行数组沿列扩展;依据规则三,单列数组沿行扩展。 = SUM({1,2;1,2;1,2} + {4,4;5,5;6,6})	1+4、2+4、1+5、2+5、1+6、2+6的和,即39
一维与二维数组	= {1,2;3,4} * {2,3}	依据规则二,将一维行数组自动扩展到与二维数组相同。 = {1,2;3,4} * {2,3;2,3}	{2,6;6,12},生成一个2×2的新数组
不同行列的两个数组	= {1,2;3,4} * {1,2,3}	依据规则二,{1,2,3}扩展为{1,2,3;1,2,3} 依据规则四,{1,2;3,4}扩展为{1,2,#N/A;3,4,#N/A}	{1,4,#N/A;3,8,#N/A}

5.3　Excel 公式操作

5.3.1　公式的输入与编辑

5.3.1.1　输入公式

①定位结果:在要显示公式计算结果的单元格中单击鼠标,使其成为当前活动单元格。

②构建表达式:输入等号"=",表示正在输入公式,否则系统会将其判断为文本数据,不会产生计算结果。

③引用位置:直接输入常量或单元格地址,或者用鼠标选择需要引用的单元格或区域。

④确认结果:按回车键完成输入,如果是数组公式则需按 Ctrl + Shift + Enter 组合键确认,计算结果显示在相应的单元格中。

注意:在公式中所输入的运算符都必须是西文的半角字符。

5.3.1.2　修改公式

用鼠标双击公式所在的单元格,进入编辑状态,单元格及编排栏中均会显示公式本身,在单元格或者在编辑栏中均可对公式进行修改,修改完毕后,按回车键确认即可。

5.3.1.3　删除公式

单击选择公式所在的单元格或区域,然后按 Delete 键即可删除。

输入到单元格中的公式,可以像普通数据一样,通过拖动单元格右下角的填充柄或者从"开始"选项卡上的"编辑"选项组中选择"填充"进行公式的复制填充,此时自动填充的实际上不是数据本身,而是复制的公式。默认情况下填充时公式对单元格的引用采用的是相对引用。

5.3.2　公式的单元格引用

在公式中很少输入常量,最常用的是单元格引用。可以在公式中引用一个单元格、一个单元格区域,也可以引用另一个工作表或工作簿中的单元格或单元格区域。

单元格引用方式分为以下几大类:

5.3.2.1　相对引用

与包含公式的单元格位置相关,引用的单元格地址不是固定地址,而是相对于公式所在单元格的相对位置。相对引用地址表示为"列标行号",如 A1。默认情况下,在公式中对单元格的引用都是相对引用。例如,在 B1 单元格中输入公式"= A1",表示的是在 B1 中引用紧邻它左侧的那个单元格中的值,当沿 B 列向下拖动复制该公式到单元格 B2 时,那么紧邻它左侧的那个单元格就变成了 A2,于是 B2 中的公式也就变成了"= A2"。

5.3.2.2　绝对引用

与包含公式的单元格位置无关。在复制公式时如果不希望所引用的位置发生变化,那么就要用到绝对引用。绝对引用是在引用的地址前插入符号"$",表示为"$列标$行号"。例如,如果希望在 B 列中总是引用 A1 单元格中的值,那么在 B1 中输入"= $ A $ 1",此时再向下拖动复制公式时,公式就总是"= $ A $ 1"了。定义名称可以快速实现绝对引用。

5.3.2.3　混合引用

当需要固定引用行而允许列变化时,在行号前加符号"$",例如"= A $ 1";当需要固定引用列而允许行变化时,在列标前加符号"$",例如"= $ A1"。

各种引用以及固定行、固定列的示例如表 5 - 6 所示,对应的效果如图 5 - 3 所示,数据源是一个二维表,分别进行相对引用、绝对引用、固定行和固定列的应用。

表 5 - 6　绝对引用、相对引用、固定行和固定列的示例

引用方式	位置	输入内容	填充公式区域
相对引用	B11	= B3	B11:E16
绝对引用	G3	= $ B $ 3	G3:J8
固定行	G11	= B $ 3	G11:J16
固定列	L11	= $ B3	L11:O16

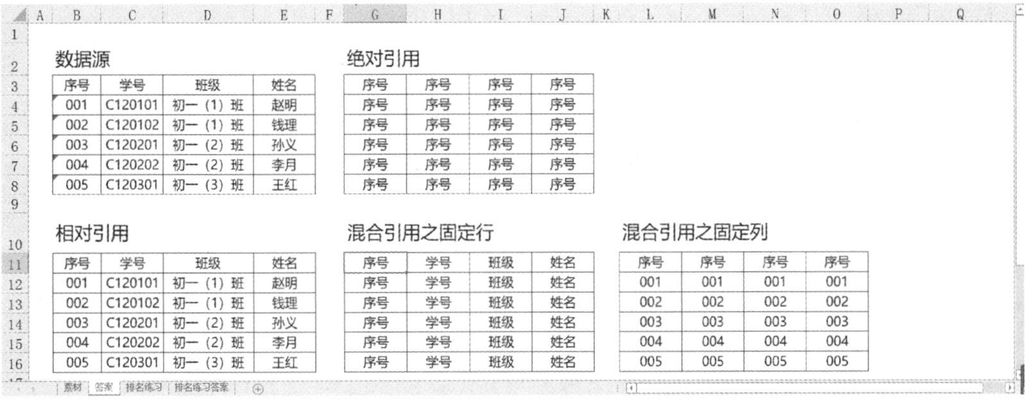

数据源

序号	学号	班级	姓名
001	C120101	初一（1）班	赵明
002	C120102	初一（1）班	钱理
003	C120201	初一（2）班	孙义
004	C120202	初一（2）班	李月
005	C120301	初一（3）班	王红

绝对引用

序号	序号	序号	序号
序号	序号	序号	序号
序号	序号	序号	序号
序号	序号	序号	序号
序号	序号	序号	序号
序号	序号	序号	序号

相对引用

序号	学号	班级	姓名
001	C120101	初一（1）班	赵明
002	C120102	初一（1）班	钱理
003	C120201	初一（2）班	孙义
004	C120202	初一（2）班	李月
005	C120301	初一（3）班	王红

混合引用之固定行

序号	学号	班级	姓名
序号	学号	班级	姓名
序号	学号	班级	姓名
序号	学号	班级	姓名
序号	学号	班级	姓名
序号	学号	班级	姓名

混合引用之固定列

序号	序号	序号	序号
001	001	001	001
002	002	002	002
003	003	003	003
004	004	004	004
005	005	005	005

图 5－3　绝对引用、相对引用、固定行和固定列练习结果

5.4　Excel 函数操作

5.4.1　函数的输入与编辑

对于函数来说，正确输入所有参数是相当困难的，因此，通常情况下采用参照的方式输入。

5.4.1.1　公式记忆式键入

①在单元格中输入“ = ”和函数的开始字母，将在单元格下方显示包含该字母开头的所有有效函数的动态下拉列表。

②从中双击所需函数即可插入到单元格中。在输入过程中，从动态列表中单击函数名可即时获取该函数的联机帮助信息。

公式记忆式键入功能启用的界面如图 5－4 所示。

5.4.1.2　通过“函数库”选项组插入

需能够明确函数所属类别，如平均值函数 AVERAGE( ) 属于统计类函数。其具体方法是：

①在要输入函数的单元格中单击鼠标。

②在“公式”选项卡上的“函数库”选项组中单击某一函数类别下方的黑色箭头。

③从打开的函数列表中单击所需的函数，弹出如图 5－5 所示的“函数参数”对话框。

④按照对话框中的提示输入或选择参数。

⑤单击对话框左下角的链接“有关该函数的帮助”，可以获取相关的帮助信息，如图 5－6 所示。

⑥输入完毕后，单击“确定”按钮。

图 5 – 4　启用"公式记忆式键入"功能

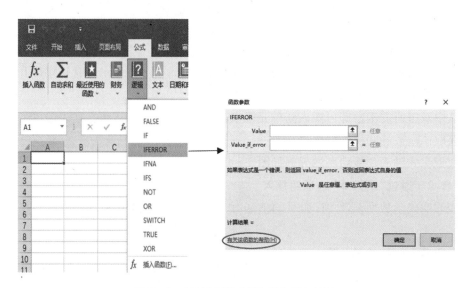

图 5 – 5　通过"函数库"选项卡插入函数

图5-6　通过"有关该函数的帮助"链接来获取某一函数的使用方法

5.4.1.3　通过"插入函数"按钮插入

当无法确定所使用函数所属类别时,可通过模糊查询进行查找。其操作方法如下:

①在要输入函数的单元格中单击鼠标。

②在"公式"选项卡上的"函数库"选项组中单击最左边的"插入函数"按钮,打开插入函数对话框,如图5-7所示。

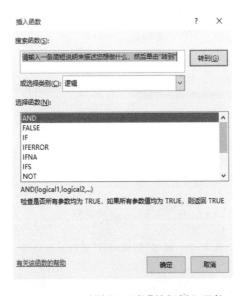

图5-7　通过"插入函数"按钮插入函数

③在"或选择类别"下拉列表中选择函数类别。

④如果无法确定具体的函数,可在"搜索函数"框中输入函数的简单描述,如"查找文件",然后单击"转到"按钮。

⑤在"选择函数"列表中单击所需的函数名,同样可以通过"有关该函数的帮助"链接获取相关的帮助信息。

⑥单击"确定"按钮,在随后打开的"函数参数"对话框中输入参数。

4. 修改函数

在包含函数的单元格中双击鼠标,进入编辑状态,对函数及参数进行修改后按回车键确认。

5.4.2　函数操作实例

要求:计算某人的工龄,不足半年按半年计算,超过半年按一年计算。

分析:如果一年为1,那么半年即为0.5,"不足半年按半年计算,超过半年按一年计算",需要以0.5为基数进行向上舍入。

操作步骤:

①在一个空白工作表的单元格B3中输入工龄值3.2。B4单元格用于输入公式。

②单击单元格B4,在"公式"选项卡上的"函数库"选项组中单击"插入函数"按钮。

③在"插入函数"对话框的"搜索函数"框中输入"四舍五入",然后单击"转到"按钮,可以看到所推荐函数似乎并不符合要求。

④重新在"搜索函数"框中输入更加贴切的描述"向上舍入",单击"转到"按钮,查看系统推荐的函数列表,可以发现第1个非常接近题目要求,如图5-8所示。

图5-8　通过"搜索函数"进行模糊查询

⑤单击左下角的链接"有关该函数的帮助",通过查看帮助实例,可以确认这个函数能够按设定的基数对数值向上舍入。

⑥在B4单元格中构建该函数" = CEILING(B3,0.5)"。其中,B3中存储工龄数值,0.5为基数。试着改变一下B3单元格中的数值,看B4中的工龄是否符合要求。

5.5　数组公式的操作

5.5.1　数组公式的输入

①首先必须选择用来存放结果的单元格(单个单元格公式)或单元格区域(多单元格公式)。

②在编辑栏中以等号" = "开始构建公式,公式中可以引用单元格区域,调用大部分 Excel 内置函数,也可以输入数组常量。

③最后按 Ctrl + Shift + Enter 组合键确认并结束数组公式的输入。

5.5.2　数组公式的引用

在公式中引用数组通常有两种方式,即单元格区域数组和数组常量。

5.5.2.1　单元格区域数组

单元格区域数组是通过对一组连续的单元格区域进行引用而得到的数组。例如,输入数组公式" = E6:H16",引用的是一个 11 行 4 列的单元格区域数组。在构建数组公式时,在工作表中选择单元格区域或直接输入单元格地址均可引用单元格区域数组。

5.5.2.2　数组常量

数组常量是数组公式的组成部分,输入一系列数据并手动用大括号"{}"将这些常量元素括起来就可创建数组常量,其中同行中的元素用逗号","分隔,不同行之间用分号";"分隔。例如,{1,2,3,4}是单行数组;{1;2;3;4}是单列数组;{1,2,3,4;5,6,7,8}则是一个 2 行 4 列的数组。数组常量可以包含数字、文本、逻辑值等,数字可以是整数、小数和科学计数格式表示的数字,文本则需要用双引号引起来。数组常量只能包含以逗号或分号分隔的文本或数字,不能包含百分号、货币符号、逗号或圆括号等符号。

5.5.3　更改数组公式

对于单个单元格公式,在编辑栏中修改后按 Ctrl + Shift + Enter 组合键确认即可。

对于多单元格公式,数组包含多个单元格,这些单元格形成一个整体,所以,数组里的某一单元格不能单独编辑修改。更改多单元格公式的方法如下:

①首先选择公式数组中的某个单元格,按 Ctrl + /组合键选取整个公式范围。

②按 F2 键进入编辑状态。

③编辑修改公式后按 Ctrl + Shift + Enter 组合键确认。

5.5.4　删除数组公式

对于单个单元格公式,选择公式所在单元格,按 Delete 键。

对于多单元格公式,则需要选择整个公式范围,然后按 Delete 键。不允许删除其中某个单元格中的公式。

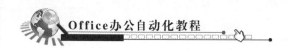

5.6 公式与函数常见问题

5.6.1 常见错误列表

公式或函数中的常见错误见表 5 - 7。

表 5 - 7　公式或函数中的常见错误列表

错误显示	说明
#####	当某一列的宽度不够而无法在单元格中显示所有字符时,或者设置为日期或时间格式的单元格中包含负的日期或时间值时,Excel 将显示此错误。例如,用过去的日期减去将来的日期的公式(如" =06/15/2008 - 07/01/2008")将得到负的日期值
#DIV/O!	当一个数除以零或不包含任何值的单元格时,Excel 将显示此错误
#N/A	当某个值不允许被用于函数或公式但却被其引用时,Excel 将显示此错误
NAME?	当 Excel 无法识别公式中的文本时将显示此错误。例如,区域名称或函数名称拼写错误,或者删除了某个公式引用的名称
#NULL!	当指定两个不相交的区域的交集时,Excel 将显示此错误。交集运算符是分隔公式中的两个区域地址间的空格字符。例如,区域 A1:A2 和 C3:C5 不相交,因此,输入公式" = SUM(A1:A2:C3:C5)"将返回此错误
*NUM!	当公式或函数中包含无效数值时,Excel 将显示此错误
#REF!	当单元格引用无效时,Excel 将显示此错误。例如,如果删除了某个公式所引用的单元格,该公式将返回此错误
#VALUE!	如果公式所包含的单元格有不同的数据类型,则 Excel 将显示此错误。如果启用了公式的错误检查,则屏幕会提示"公式中所用的某个值是错误的数据类型"

5.6.2 更正错误

可以通过 Excel 提供的相关工具的帮助快速检查并更正公式输入过程中发生的错误。

5.6.2.1 打开或关闭错误检查规则

①在"文件"选项卡上单击"选项",打开"Excel 选项"对话框,从左侧类别列表中单击"公式"选项,如图 5 - 9 所示。

②在"错误检查"区域中,选中"允许后台错误检查"复选框,这时在 Excel 表中出现的任何错误都将在单元格左上角标以绿色三角形。若要更改此标记的颜色,可在"使用此颜色标识错误"中选择所需的颜色。

③在"错误检查规则"区域中,按照需要选中或清除某一检查规则的复选框,其中:

a. 所含公式导致错误的单元格:公式未使用规定的语法、参数或数据类型。错误值包括#DIV/O!、#N/A、#NAME?、#NULL!、#NUM!、#REF! 和#VALUE!。

b. 表中不一致的计算列公式:计算列的某个单元格中包含与列中其他公式不同的独立

公式。例如,移动或删除由计算列中某一行引用的另一个工作表区域上的单元格。

图 5 – 9 "Excel 选项"对话框中的"错误检查规则"

　　c. 包含以两位数表示的年份的单元格:公式中包含采用文本格式但没有使用 4 位数年份的日期,这可能被误解为错误的世纪。例如,公式中的日期" = YEAR("1/1/31")"可能是 1931 年也可能是 2031 年。使用此规则可以检查出歧义的文本日期。

　　d. 文本格式的数字或者前面有撇号的数字:该单元格中包含存储为文本的数字。从其他数据源导入数据时,通常会存在这种现象。存储为文本的数字可能会导致意外的排序结果,也可能影响函数的计算结果。

　　e. 与区域中的其他公式不一致的公式:公式与其他相邻公式的模式不一致。例如,如果某个公式中使用的引用与相邻公式中的引用规则不一致,Excel 就会提示错误。

　　f. 遗漏了区域中的单元格的公式:公式中引用了某个区域中的大多数数据而非全部。例如,如果在原数据区域和包含公式的单元格之间插入了一些数据,则该公式可能无法自动包含对这些数据的引用。如果相邻单元格包含其他值并且不为空,则 Excel 会在该公式旁边显示一个错误。

　　g. 包含公式的解锁单元格:公式未受到锁定保护。默认情况下,工作表中的所有单元格均被锁定,这样在工作时包含公式的单元格可以防止被更改。如果包含公式的单元格已设置为解除锁定但工作表未受保护,则提示该错误。

　　h. 引用空单元格的公式:公式包含对空单元格的引用,这可能导致意外结果。例如,对包含空单元格的区域求平均值,该空单元格将不被包含在计算中。

　　④设置完毕,单击"确定"按钮退出对话框。

5.6.2.2　分别更正常见公式错误

①选择出现错误提示的公式单元格,左侧显示错误指示器。

②单击错误指示器,从下拉列表中选择相关命令,如图5-10所示。

提示:列表中的可选命令会因错误类型而有所不同,其中第一个条目对错误进行描述,如果单击"忽略错误",则后面的每次检查都忽略该错误。

图5-10　通过公式单元格左侧的错误指示器更正错误

5.6.2.3　检查并逐个更正常见公式错误

①选择要进行错误检查的工作表。

②在"公式"选项卡上的"公式审核"选项组中单击"错误检查"按钮,自动开始对工作表中的公式和函数进行检查。

③当找到可能的错误时,将会显示类似图5-11所示的"错误检查"对话框。

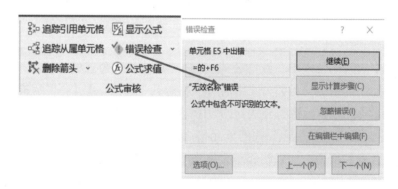

图5-11　通过"公式审核"选项组进行错误检查

④根据需要单击对话框右侧的操作按钮,可选的操作会因错误类型不同而有所不同。

⑤单击"下一个"按钮,直至完成整个工作表的错误检查。在最后出现的提示对话框中单击"确定"按钮结束检查。

5.6.2.4　通过"监视窗口"监视公式及其结果

当表格较大,某些单元格在工作表上不可见时,可以在"监视窗口"中监视这些单元格及其公式。使用"监视窗口"可以方便地在大型工作表中检查、审核或确认公式计算及其结果,而无须反复滚动或定位到工作表的不同部分。

　　①首先在工作表中选择要监视的公式所在的单元格。

　　提示:在"开始"选项卡的"编辑"选项组中单击"查找和选择"按钮,从下拉列表中单击"公式",可以选择当前工作表中所有包含公式的单元格。

　　②在"公式"选项卡上的"公式审核"选项组中单击"监视窗口"按钮,打开如图5-12(a)所示的"监视窗口"对话框。

　　③单击"添加监视"按钮,打开"添加监视点"对话框,其中显示已选中的单元格,如图5-12(b)所示。可以重新选择监视单元格。

　　④单击"添加"按钮,所选监视点显示在列表中。

　　⑤重复步骤③继续添加其他单元格中的公式作为监视点。

　　⑥将监视窗口移到合适的位置,如窗口的顶部、底部、左侧或右侧等。如要更改窗口的大小,可用鼠标拖动其边框 。

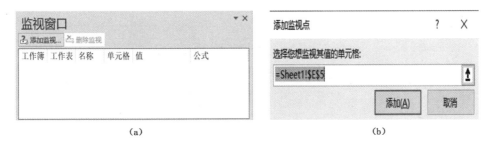

(a)　　　　　　　　　　　　　　　　(b)

图5-12　在"监视窗口"中添加监视点

　　⑦要定位"监视窗口"的监视点所引用的单元格,可双击该监视点条目。

　　⑧如果需要删除监视点条目,从"监视窗口"中选择监视点后单击"删除监视"按钮。

5.6.2.5　对嵌套公式分步求值

　　当公式比较复杂,特别是包含多重嵌套函数时,由于存在若干中间计算和逻辑测试,理解嵌套公式如何计算出最终的结果是比较困难的,如果最终计算结果出错,要想判断哪里出错也相当困难。利用"公式求值"功能,可以按计算公式的顺序查看嵌套公式的不同部分的求值结果,并快速定位出错位置。

　　①选择需要求值的公式单元格,一次只能对一个单元格进行求值。

　　②单击"公式"选项卡上的"公式审核"选项组中的"公式求值"按钮,打开如图5-13所示的"公式求值"对话框。

　　③单击"求值"按钮,检查带下画线的公式或函数,其计算结果将以斜体显示。如果公式的下画线部分是对另一个公式的引用,则可单击"步入"按钮以在"求值"框中显示其他公式;单击"步出"按钮将返回到以前的单元格和公式。

　　④继续单击"求值"按钮,直到已对公式的每个部分求值

　　⑤若要再次查看计算过程,单击"重新启动"按钮;若要结束求值,单击"关闭"按钮。

　　提示:双击单元格进入编辑状态,选中需要查看结果的某一部分公式或函数,按F9键

可以快速查看计算结果。

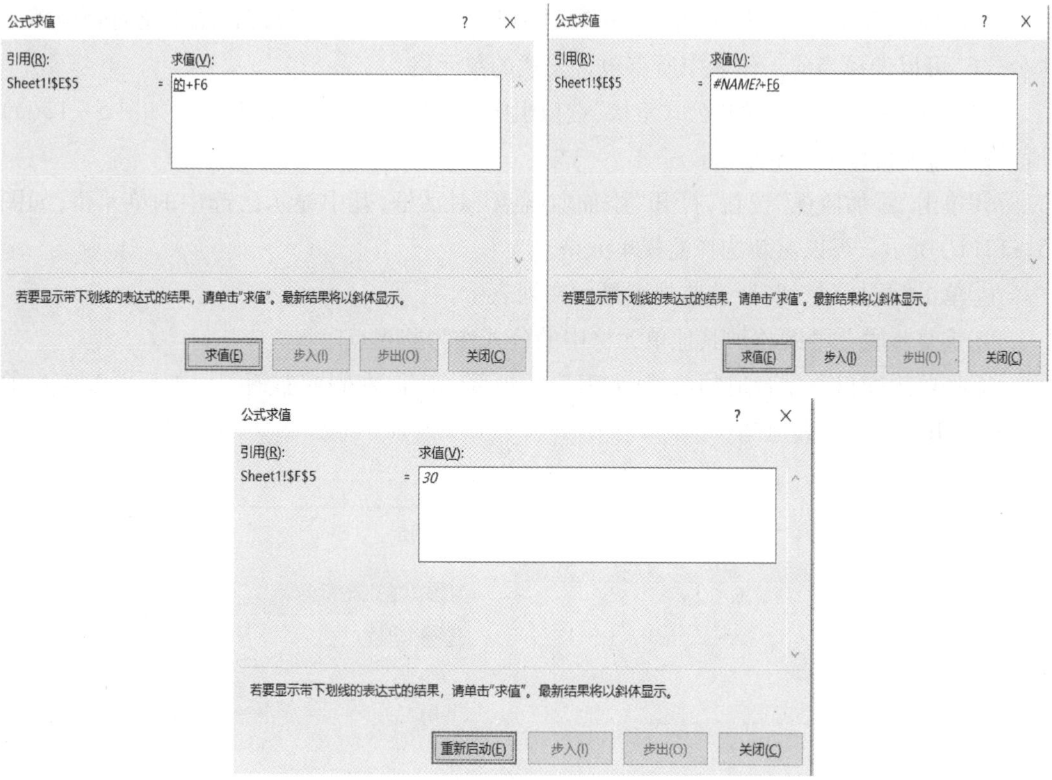

图 5-13　在公式"求值"对话框中分步求值的过程

实例:通过公式求值查看嵌套公式的不同部分是如何进行计算的。

例如,公式"= IF (AVERAGE (D2 : D5) > 50. SUM(E2 : E5). 0)"比较复杂,如果能查看中间结果就容易理解得多。在工作表的 D2:D5 和 E2:E5 中分别输入如图 5-14 中所示的数据,在单元格 D7 中输入上述公式,然后对 D7 进行公式求值。公式求值过程说明见表 5-8。

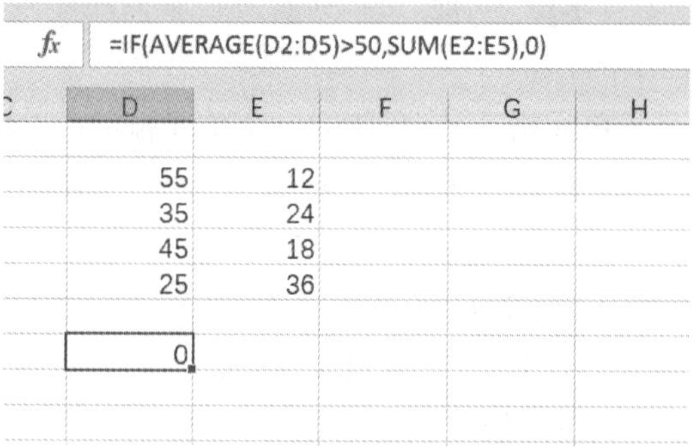

图 5-14　在单元格中输入测试数据

表5-8　公式求值过程说明

在"公式求值"对话框中显示的内容	说明
= IF(AVERAGE (D2:D5) >50,SUM (E2:E5),0)	最先显示的是嵌套公式。AVERACE 函数和 SUM 函数嵌套在 IF 函数内
= IF(40>50,SUM (E2:E5),0)	单元格区域 D2:D5 包含值 55、35、45 和 25,因此 AVERAGE (D2:D5)函数的结果为 40
= IF(FALSE, SUM (E2:E5),0)	因为 40>50 不成立,所以返回逻辑值 FALSE
0	IF 函数返回第三个参数(value _ if _ false 参数)的值。SUM 函数不会进行求值,因为它是 IF 函数的第二个参数(value _ if true 参数),只有当表达式为 TRUE 时才会返回

5.7　综 合 案 例

5.7.1　案例描述

如图 5-15 所示,有一公司员工数据档案。根据已知信息,计算空白处信息,并对相关数据进行统计。

	A	B	C	D	E	F	G	H	I	J	K
1	****公司员工档案表										
2	员工编号	姓名	身份证号	性别	出生日期	年龄	学历	基本工资	党费/月	补缴月份数	补缴党费
3	AB001	刘於义	110108196301020119				博士	40000	118	3	
4	AB002	任飞燕	110105198903040128				大专	3700	25	5	
5	AB003	万震山	310108197712121139				硕士	12000	32	7	
6	AB004	林玉龙	372208197510090512				本科	5600	36	3	
7	AB005	花剑影	110101197209021144				本科	5600	78	3	
8	AB006	杨中慧	110108197812120129				本科	6000	72	3	
9	AB007	卓天雄	410205196412278211				硕士	10000	102	7	
10	AB008	逍遥玲	110102197305120123				硕士	15000	82	3	
11	AB009	马钰	551018198607311116				本科	4000	31	6	

图 5-15　档案示例数据

5.7.1.1　计算员工性别、出生日期及年龄。

身份证号包含了丰富的个人信息,其第 17 位代表性别,奇数是"男",偶数是"女";第 7 位到第 14 位代表出生年月日,如图 5-16 所示。对于员工的性别、出生日期、年龄等信息可以通过身份证号来获取。

5.7.1.2　利用数组公式计算补缴党费

"补缴的党费 = 党费/月 × 补缴月份数",如图 5-15 所示,由"党费/月"和"补缴月份数"两列,利用数组公式可以计算各员工需要补缴的党费。

图 5 - 16　身份证信息示例

5.7.1.3　统计相关信息

如表 5 - 9 所示,利用统计函数统计出公司的管理信息。

表 5 - 9　人员信息统计要求表

类别	统计要求
人数统计	员工总人数
	女性员工总人数
	学历为本科的男性员工总人数
总额与平均值	基本工资总额
	平均基本工资
	本科生平均基本工资
最大值与最小值	最高基本工资
	最低基本工资
	工资最高的人
	工资最低的人
数组公式统计	所有员工党费总额

5.7.2　流程设计

针对前面提出的简历要求,制作个人简历流的设计步骤图 5 - 17 所示。

5.7.3　操作步骤

5.7.3.1　计算员工性别、出生日期及年龄

①打开文档"数据计算. xlsx",在工作表"档案"首先为编号"AB001"的员工生成各项信息。

②判断性别。在"性别"列的单元格 D3 中偷入公式" = IF(ISODD(MID(C3,17,1)),"男","女")"。式中,MID(C3,17,1)用于截取身份证号的第 17 位,ISODD(MID(C3,17,1))用于判断所截取的数字是否为奇数。当这个数为奇数时,IF 函数的条件为真,D4 单元格中显示"男",否则显示"女"。

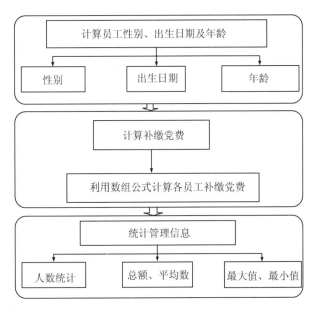

图 5 – 17　设计步骤

③获取出生日期。在"出生日期"列的 E3 单元格中输入公式,可从下列公式中任选其一:

= CONCATENATE(MID(C3,7,4) ,"年", MID(C3,11,2) ,"月", MID(C3,13,2) ,"日")

= MID(C3,7,4) &"年"&MID(C3,11,2) &"月"&MID(C3,13,2) &"日"

= DATE(MID(C3,7,4) ,MID(C3,11,2) ,MID(C3,13,2))

公式解释:首先通过函数 MID 依次提取出年、月、日,再通过函数 CONCATENATE 将它们连接在一起形成出生日期,而第 3 个公式则通过 DATE 函数可将提取的数字转换为正确的日期格式。

④计算年龄。在"年龄"列的 F4 单元格中输入公式(一年按 365 天计算): = INT((TODAY( ) – E3)/365) ,或者 = INT(YEARFRAC(E3,TODAY( ) ,3))。

公式解释:"年龄"列中需要填入员工的周岁,不足一年的应当不计入年龄。一般情况下,一年按 365 天计算。因此,首先通过函数 TODAY 获取当前日期,然后减去该员工的出生日期,余额除以 365 天得到年限,再通过 INT 向下取整,得到员工的周岁年龄。这样得到的年龄是动态变化的,当进入下一个年度的生日时,年龄会自动增加一岁。

⑤将各列公式向下填充至最后一行数据,生成其他员工的相关信息。

5.7.3.2　计算党费

①在工作表"档案"中,选择单元格区域 L3:L20。

②在编辑栏中输入公式" = J3:J20 * K3:K20",按 Ctrl + Shift + Enter 组合键确认,依据"党费 = 党费/月 × 补缴月份数"完成各员工的补缴党费。

5.7.3.3 对员工人数、工资等数据进行统计

①打开文档"数据计算.xlsx",在工作表"档案"中已存储了各位员工的相关信息,切换到工作表"统计"中完成各项计算

②统计全部员工数量。在 C3 单元格中输入函数" = COUNTA(档案! A3:A20)"。由于每个员工有一个唯一的编号,因此通过函数 COUNTA 统计档案表中"员工编号"到的非空单元格数量即可得知员工总人数。

③统计女员工的数量。在 C4 单元格中输入函数" = COUNTIF(档案! D3:D20,"女")"。通过单条件计数函数 COUNTIF 对"性别"列 D3:D20 中满足条件为"女"的单元格数量进行统计。

④统计学历为本科的男性员工人数。在 C5 单元格中输入函数" = COUNTIFS(档案! H3:H20,"本科",档案! D3:D20,"男")"。当需要对满足两个或两个以上条件的数量进行统计时,需要用到多条件统计函数 COUNTIFS。上述公式表示对"学历"列 H3:H20 中为"本科"且"性别"列 D3:D20 中为"男"的员工数量进行统计。

⑤计算和统计相关工资数据。

a. 基本工资总领: = SUM(档案! J3:J20),利用求和函数对"基本工资"列进行简单加总。

b. 管理人员工资总额: = SUMIF(档案! G3:G20,"管理",档案! J3:J20),利用条件求和函数计算"部门"属于"管理"的所有人员的基本工资总和。

c. 平均基本工资: = AVERAGE(档案! J3:J20),利用平均函数对"基本工资"列进行简单平均。

d. 本科生平均基本工资: = AVERAGEIF(档案! H3:H20,"本科",档案! J3:J20),利用条件求平均值函数计算"学历"为"本科"的所有人员的平均基本工资。

e. 最高基本工资: = MAX(档案! J3:J20),利用最大值函数获取"基本工资"列的最大值。

f. 最低基本工资: = MIN(档案! J3:J20),利用最小值函数获取"基本工资"列的最小值。

⑥找出工资最高和最低的人。

工资最高的人: = INDEX(档案! B3:B20,MATCH(MAX(档案! J3:J20),档案! J3:J20,0))

工资最低的人: = INDEX(档案! B3:B20,MATCH(MIN(档案! J3:J20),档案! J3:J20,0))

MATCH 函数用于获取工资列 J3:J20 中最大值或最小值所处的位置,该位置作为 INDEX 函数的参数,就可获取"姓名"列 B3:B20 同一行中的姓名。

第6章　Excel数据分析操作

Excel
数据分析操作

本章介绍 Excel 数据分析操作,包括多表合并、排序筛选、分类汇总、透视表分析、Power Query 分析、Power Pivot 分析等操作。通过本章的学习,读者不仅能够加深理解 Excel 可以对数据进行组织、整理、分析等操作,从而帮助管理者获取更为丰富的信息,而且能够善于利用 Excel 工具,方便快捷地完成数据分析工作。

6.1　概念及意义

6.1.1　Excel 数据分析的概念

数据分析是利用适当的统计分析方法对收集来的数据进行分析,提取出有用信息的过程。在进行数据分析之前往往还需要进行数据预处理操作,使新生成的数据更有利于后续的统计和分析。

Excel 为数据分析提供了很多有利的工具,如多表合并、排序筛选、分类汇总、透视表分析、Power Query 分析、Power Pivot 分析等。

6.1.2　Excel 数据分析的意义

Excel 数据分析的意义主要有两个:

①从管理的角度,可以帮助管理者更好、更快地了解管控对象的运行状态,及时帮助管理者快速地获取辅助决策信息。

②从科研的角度,利用数据分析可以帮助科研工作者更好地、更方便地去观察表征客观事物运作的数据,从而及时发现其中的运行规律。

6.2　主 要 内 容

6.2.1　数据预处理

数据预处理是为后续的数据分析做准备,就是将数据处理为后续分析所需的数据格式。Excel 为数据预处理提供了丰富工具,主要有多表合并、Power Query 等功能。

6.2.1.1　多表合并

多表合并就是将多个工作表中的数据汇总到一个主工作表中。如图 6-1 所示,左半部分是三个库存各自的商品存储状态,右表是将三个库存结果合并在一起的结果。Excel 提供了合并计算功能,在“数据”选项卡的“数据工具”选项组中即可看到“合并计算”按钮,它不仅将表的内容进行合并,更重要的是它还将同字段名称对应的数据进行了聚合,如图 6－1 所示,三个库存中都有“电视”的存储信息,合并表将三个库存中有关“电视”的库存量和销售额进行了聚合。

商品名称	库存量	本年销量
电视	56	680
洗衣机	37	307
冰箱	83	1,085
空调	15	378
台式机	8	189
微波炉	30	989
电烤箱	12	560
显示器	15	200

商品名称	库存量	本年销量
微波炉	30	302
电饭锅	12	102
冰箱	41	415
吸尘器	5	504
显示器	56	600
洗衣机	120	1,321
电视	83	100
投影仪	30	240
摄像机	200	433

商品名称	库存量	本年销量
电熨斗	61	612
路由器	23	303
显示器	11	320
洗碗机	56	1,203
电视	78	785
鼠标	23	1,001
电扇	11	210

(a) 三个库存各自存储数据

商品名称	库存量	本年销量
洗碗机	56	1,203
电视	217	1,565
洗衣机	180	2,629
CD机	12	102
冰箱	124	1,500
空调	15	378
台式机	8	189
微波炉	60	1,291
电烤箱	12	560
吸尘器	5	504
电熨斗	61	612
路由器	23	303
显示器	82	1,120
投影仪	30	240
摄像机	200	433
电扇	11	210

(b)合并三个库存的数据结果

图 6－1　合并表操作示例

6.2.1.2　Power Query 操作

Power Query 是 Excel 的插件,通过 Power Query 可实现数据的获取、合并、转换、整理及上载等操作,为数据的预处理工作提供了强有力的工具。

1. 数据获取

数据获取是从不同渠道获取数据。这些数据可以来源于 Excel 中定义的“表”,也可以是其他外部源数据。

2. 数据合并

当在一个工作簿中创建了来自多种来源的多个查询时,可将它们追加或合并到当前查询中。假设有两张原始表,如图 6－2 所示,可通过追加查询和合并查询进行合并。

地域	管理学院	经济学院	计算机学院
广州	1100	3700	3900
成都	1500	3800	3500
西安	1400	3200	3400
北京	1300	3400	3500
郑州	1000	3500	3000

(a)2020 年数据

地域	管理学院	经济学院	计算机学院
广州	1000	3500	3000
成都	800	3000	2200
西安	1500	4000	3000
北京	1400	3200	3600
郑州	1300	3800	4200

(b)2021 年数据

图 6－2　原始工作表数据

①追加查询。当两个数据源的结构完全相同时,即两个表格的列数相同、列标题一致时,可以通过追加查询将其整合到一起。其合并结果如图 6－3 所示。

	地域	管理学...	经济学...	计算机...
1	广州	1000	3500	3000
2	成都	800	3000	2200
3	西安	1500	4000	3000
4	北京	1400	3200	3600
5	郑州	1300	3800	4200
6	广州	1100	3700	3900
7	成都	1500	3800	3500
8	西安	1400	3200	3400
9	北京	1300	3400	3500
10	郑州	1000	3500	3000

2021 年数据

追加的 2020 年数据

图 6－3　追加查询合并结果

②合并查询。当两个查询表的结构不相同，即列数不同或列标题不一致时，可通过合并查询完成数据的整合。参与合并的两个表需要有一个相同的数据列作为合并关键字段。“合并”操作从两个现有查询创建一个新查询，结果如图 6－4 所示。

	地域	管理学...	经济学...	计算机...	2020学年.管...	2020学年.经...	2020学年.计算...
1	广州	1000	3500	3000	1100	3700	3900
2	成都	800	3000	2200	1500	3800	3500
3	西安	1500	4000	3000	1400	3200	3400
4	北京	1400	3200	3600	1300	3400	3500
5	郑州	1300	3800	4200	1000	3500	3000

2021 年数据

追加的 2020 年数据

图 6－4　合并查询结果

3. 数据转换和整理

在“Power Query 编辑器”窗口中，可对导入数据进行转换和整理，如拆分列、填充等操作，以获取符合需要的数据列表。如图 6－5 所示，该示例利用 Power Query 将班级进行了填充，将各科成绩进行了列拆分。

4. 数据的加载

在查询编辑器中对数据进行处理后，可将其以不同方式加载到 Excel 工作表中。

6.2.2　数据分析

6.2.2.1　排序及筛选操作

数据的排序是指让数据按照一定的关键字进行排序。通过排序，一方面便于分析者通过浏览数据发现一些趋势特征，另一方面也有助于后续的分类汇总工作。

数据的筛选是指从大量数据中，挑选出自己感兴趣的部分数据。通过筛选工作可以缩小数据量的规模，小范围地观察自己感兴趣的数据。

Excel 的排序和筛选功能是常用功能，在“开始”选项卡即可看到“排序和筛选”的按钮。

班级2 ▼	性别 ▼	各科成绩 ▼
一班	男	语文97.5/数学106/英语108/生物98/地理99/历史99/政治96/
	女	语文110/数学95/英语98/生物99/地理93/历史93/政治92/
	男	语文95/数学85/英语99/生物98/地理92/历史92/政治88/
	女	语文102/数学116/英语113/生物78/地理88/历史86/政治73/
	男	语文88/数学98/英语101/生物89/地理73/历史95/政治91/
	女	语文90/数学111/英语116/生物72/地理95/历史93/政治95/
二班	男	语文93.5/数学107/英语96/生物100/地理93/历史92/政治93/
	男	语文86/数学107/英语89/生物88/地理92/历史88/政治89/
	男	语文93/数学99/英语92/生物86/地理86/历史73/政治92/

填充　　　　　　拆分列

姓名	班级	性别	语文	数学	英语	生物	地理	历史	政治	总分	平均分
刘於义	一班	男	97.50	106.00	108.00	98.00	99.00	99.00	96.00	703.50	100.50
花剑影	一班	女	110.00	95.00	98.00	99.00	93.00	93.00	92.00	680.00	97.14
万震山	一班	男	95.00	85.00	99.00	98.00	92.00	92.00	88.00	649.00	92.71
任飞燕	一班	女	102.00	116.00	113.00	78.00	88.00	86.00	74.00	657.00	93.86
林玉龙	一班	男	88.00	98.00	101.00	89.00	73.00	95.00	91.00	635.00	90.71
杨中慧	一班	女	90.00	111.00	116.00	75.00	95.00	93.00	95.00	675.00	96.43
袁冠南	二班	男	94.50	107.00	96.00	100.00	93.00	92.00	93.00	675.50	96.50
常长风	二班	男	86.00	107.00	89.00	88.00	92.00	88.00	89.00	639.00	91.29
卓天雄	二班	男	93.00	99.00	92.00	86.00	86.00	73.00	92.00	621.00	88.71

图6-5　拆分列、填充操作示例

6.2.2.2　分类汇总操作

数据的分类汇总是指把数据先按照某一标准进行分类,然后在分完类的基础上对各类别相关数据进行求和、求平均数、求最大值、求最小值等汇总工作。如图6-6所示,利用分类汇总功能,首先将成绩按照班级进行分类,再进行各班级总分最大值及各科平均分的汇总操作。Excel提供了分类汇总功能,在"数据"选项卡上的"分级显示"选项组中,即可看到"分类汇总"按钮。

姓名	班级	姓别	语文	数学	英语	生物	地理	历史	政治	总分	平均分
刘於义	一班	男	97.50	106.00	108.00	98.00	99.00	99.00	96.00	703.50	100.50
任飞燕	一班	女	102.00	116.00	113.00	78.00	88.00	86.00	74.00	657.00	93.86
万震山	一班	男	95.00	85.00	99.00	98.00	92.00	92.00	88.00	649.00	92.71
林玉龙	一班	男	88.00	98.00	101.00	89.00	73.00	95.00	91.00	635.00	90.71
花剑影	一班	女	110.00	95.00	98.00	99.00	93.00	93.00	92.00	680.00	97.14
杨中慧	一班	女	90.00	111.00	116.00	75.00	95.00	93.00	95.00	675.00	96.43
一班 最大值										703.50	
一班 平均值			97.08	101.83	105.83	89.50	90.00	93.00	89.33		
卓天雄	二班	男	93.00	99.00	92.00	86.00	86.00	73.00	92.00	621.00	88.71
逍遥玲	二班	女	100.50	103.00	104.00	88.00	89.00	78.00	90.00	652.50	93.21
马钰	二班	男	95.50	92.00	96.00	84.00	95.00	91.00	92.00	645.50	92.21
袁冠南	二班	男	94.50	107.00	96.00	100.00	93.00	92.00	93.00	675.50	96.50
常长风	二班	男	86.00	107.00	89.00	88.00	92.00	88.00	89.00	639.00	91.29
盖一鸣	二班	女	103.50	105.00	105.00	93.00	93.00	90.00	86.00	675.50	96.50
二班 最大值										675.50	
二班 平均值			95.50	102.17	97.00	89.83	91.33	85.33	90.33		

图6-6　分类汇总示例

6.2.2.3　透视表操作

数据透视表(Pivot Table)是一种灵活的交互式表,分析人员通过数据透视表可以自由组合表的维度及观察的数据,多角度、多方面、全方位地观察数据状态。

一般表的数据展示方式如图6-7所示,分析人员通过班级、获奖类型、日期及期间来确定获奖数量。但有的时候,分析人员需要自由组合来观察想要看到的数据,如表6-1所示。Excel 提供了强大的数据透视表功能,在"插入"选项卡上的"表格"选项组中,可看到"数据透视表"和"推荐的数据透视表"按钮。

班级	获奖类型	日期	期间	获奖数量
一班	论文	2018年1月	寒假	3
一班	比赛	2018年2月	寒假	1
一班	项目	2018年1月	寒假	4
一班	评奖	2018年1月	寒假	5
二班	论文	2018年1月	寒假	3
二班	比赛	2018年2月	寒假	1
二班	项目	2018年1月	寒假	4
二班	评奖	2018年2月	寒假	5
三班	论文	2018年1月	寒假	3
三班	比赛	2018年1月	寒假	0
三班	项目	2018年2月	寒假	3
三班	评奖	2018年2月	寒假	4
一班	论文	2018年3月	平时	4
一班	比赛	2018年9月	平时	3
一班	项目	2018年10月	平时	8
一班	评奖	2018年6月	平时	7

图6-7　普通数据表图示

表6-1　透视表图示

解释	透视表图示
行:"班级" 列:"期间" 筛选条件:"获奖类型" 观察值:"获奖数量" 注:这时的"获奖数量"是原始表数据的聚合值	获奖类型(全部)——筛选条件 获奖数量汇总 列标签 行标签 寒假 平时 暑期 总计 二班 13 22 31 66 三班 10 21 30 61 一班 13 22 31 66 总计 36 65 92 193
行:"期间" 列:"获奖类型" 筛选条件:"日期" 观察值:"获奖数量"	日期(全部) 求和项:获奖数量 列标签 行标签 比赛 论文 评奖 项目 总计 寒假 2 9 14 11 36 平时 9 11 21 24 65 暑期 9 17 35 31 92 总计 20 37 70 66 193

表 6-1(续)

解释	透视表图示
行:"期间""日期" 列:"获奖类型" 筛选条件:"班级" 观察值:"获奖数量" 注:通过观察发现"期间"和"日期"都是时间维度,且具有层级关系,可以将"期间"和"日期"都放到行,"期间"在前,"日期"在后	见下表

班级	(全部)				
求和项:获奖数量	列标签				
行标签	比赛	论文	评奖	项目	总计
⊟寒假	2	9	14	11	36
⊞1月	0	9	5	8	22
⊞2月	2		9	3	14
⊟平时	9	11	21	24	65
⊞3月			4		4
⊞4月	3	4			7
⊞5月			7	8	15
⊞6月			7		7
⊞9月	3		7		10
⊞10月				8	8
⊞11月	3	3			6
⊞12月				8	8
⊟暑期	9	17	35	31	92
⊞7月		17	12		29
⊞8月	9		23	31	63
总计	20	37	70	66	193

6.3 数据预处理操作

6.3.1 多表合并基本操作

①打开"合并计算.xlsx"工作簿。

②切换到放置合并后数据的主工作表中,在要显示合并数据的单元格区域中单击左上方的单元格。

③在"数据"选项卡上的"数据工具"选项组中单击"合并计算"按钮,打开"合并计算"对话框,如图6-8所示。

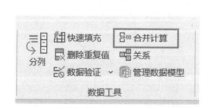
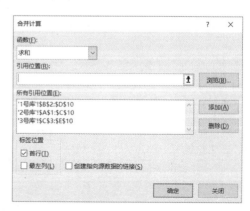

图 6-8 "合并计算"对话框

④在"函数"下拉框中选择一个汇总函数。

⑤在"引用位置"框中单击鼠标,然后在包含要对其进行合并计算的数据的工作表中选择合并区域。

⑥在"合并计算"对话框中,单击"添加"按钮,选定的合并计算区域显示在"所有引用位置"列表框中

⑦重复步骤⑤和步骤⑥添加其他的合并数据区域。

⑧在"标签位置"组下,按照需要单击选中表示标签在源数据区域中所在位置的复选框,可以只选一个,也可以两者都选。如果选中"首行"或"最左列",Excel 将对相同的行标题或列标题中的数据进行合并计算。

⑨单击"确定"按钮,完成数据合并。

⑩对合并后的数据表进行修改完善,如进行格式化、输入相关数据。

6.3.2　Power Query 操作

6.3.2.1　获取数据

1. 从当前工作表获取数据

①打开 Excel 工作簿,选择数据源存放的工作表。

②选择数据源所在区域,在"插入"选项卡上的"表格"选项组中单击"表格",将数据源定义为"表"。

③在"数据"选项卡上的"获取和转换"选项组中单击"从表格"。稍候片刻,Excel 将会启动"Power Query(查询)编辑器",同时所选表数据将显示在编辑器窗口中,如图 6 - 9 所示。

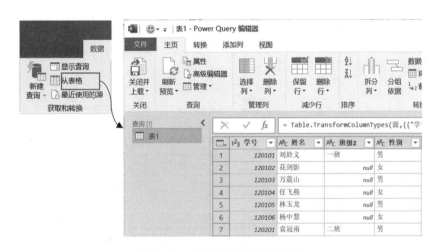

图 6 - 9　自"表"中获取查询数据

2. 从外部数据源获取数据

①打开准备存放查询结果的 Excel 工作簿。

②在"数据"选项卡上的"获取和转换"选项组中单击"新建查询",打开数据源列表,如

图 6 – 10 所示。

③从列表中选择数据来源,Excel 将会自动与数据源建立链接并进入图 6 – 11 所示的"导航器"窗口。

④在左侧的列表中选择要使用的数据表,单击右下角的"转换数据"按钮,启动"Power Query 编辑器"。

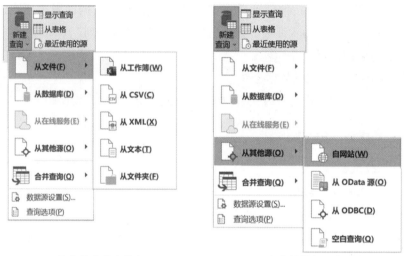

（a）从文件中获取数据　　　　（b）自其他数据源获取数据

图 6 – 10　选择不同的数据源

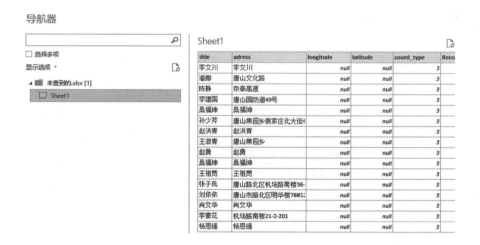

图 6 – 11　在"导航器"窗口中选择数据表

6.3.2.2　追加和合并数据

1. 追加查询

①打开"追加合并. xlsx"的工作表"2020 学年"和工作表"2021 学年"。

②选中"2021 学年"工作表中的数据,打开"数据"选项卡的"从表格",打开 Power Query 编辑器。

③在“Power Query 编辑器”窗口中，选择“主页”选项卡→“组合”选项组中的“追加查询”按钮→打开“追加”对话框，如图 6－12 所示。指定要追加的表，单击“确定”按钮，被追加的表数据添加到当前查询表的最下方，如图 6－13 所示。

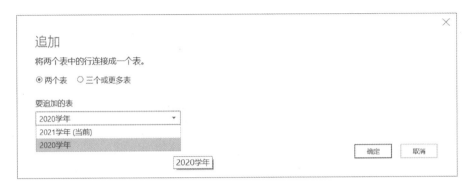

图 6－12　在查询编辑器中追加查询

	地域	管理学...	经济学...	计算机...
1	广州	1000	3500	3000
2	成都	800	3000	2200
3	西安	1500	4000	3000
4	北京	1400	3200	3600
5	郑州	1300	3800	4200
6	广州	1100	3700	3900
7	成都	1500	3800	3500
8	西安	[illegible]	3200	3400
9	北京	1300	3400	3500
10	郑州	1000	3500	3000

2021 年数据

追加的 2020 年数据

图 6－13　追加后数据

2. 合并查询

①在“Power Query 编辑器”窗口中，选择“主页”选项卡→“组合”选项组中的“合并查询”按钮→打开“合并查询”对话框，如图 6－14 所示。

②指定要合并的表，分别选中“2021 学院”和“2020 学院”的“地域”列，在下方选择“连接种类”，单击“确定”按钮，被追加的表数据添加到当前查询表的右方。

③在新添加列上点击右上角图表，弹出对话框，在该对话框中，将“地域”选择项去掉。单击选中相关表中要添加到主表的列。点击“确定”按钮，将数据进行扩展，扩展结果如图 6－15 所示。

图 6-14 合并查询对话框

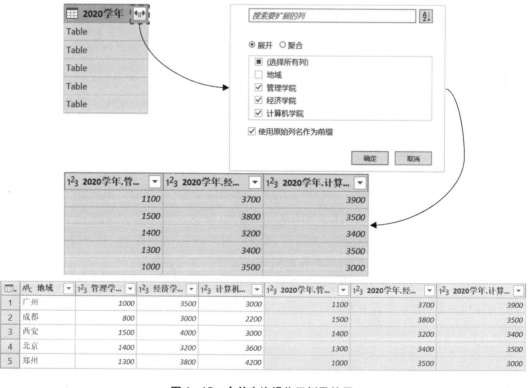

图 6-15 合并查询操作示例及结果

6.3.2.3　数据转换和整理

1. 填充

在"Power Query 编辑器"的"转换"选项卡中的"任意列"选项组中,点击"填充",即可进行填充,如图 6−16 所示。填充分为"向上"或"向下"两种填充方式。如图 6−17 所示,为向下填充的图示。

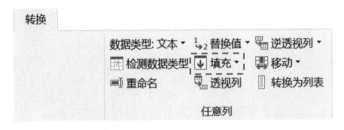

图 6−16　点击填充按钮弹出向上或向下对话框

ABC 班级2	ABC 性别		ABC 班级2
一班	男		一班
null	女		一班
null	男		一班
null	女		一班
null	男		一班
null	女		一班
二班	男		二班
null	男		二班
null	男		二班
null	男		二班
null	女		二班
null	女		二班

图 6−17　向下填充图示

2. 拆分列

在"Power Query 编辑器"的"转换"选项卡中的"文本列"选项组中,点击如图 6−18 所示"拆分列"按钮,即可进行拆分列操作。拆分列主要分为"按分隔符""按字符数""按位置"三种,除此之外,还添加了"按从小写到大写转换""按从大写到小写转换"等多种拆分方式。

图 6−18　拆分列操作

以图6-19左上图数据为例,按照分隔符"/"进行拆分,拆分之后的效果如图6-19下方表格所示。

ᴬᴮꟲ 各科成绩	▼
语文97.5/数学106/英语108/生物98/地理9...	
语文110/数学95/英语98/生物99/地理93/...	
语文95/数学85/英语99/生物98/地理92/历...	
语文102/数学116/英语113/生物78/地理88/...	
语文88/数学98/英语101/生物89/地理73/...	
语文90/数学111/英语116/生物72/地理95/...	
语文93.5/数学107/英语96/生物100/地理9...	
语文86/数学107/英语89/生物88/地理92/...	
语文93/数学99/英语92/生物86/地理86/历...	
语文95.5/数学92/英语96/生物84/地理95/...	
语文103.5/数学105/英语105/生物93/地理...	
语文100.5/数学103/英语104/生物88/地理...	

ᴬᴮꟲ 各科成绩.4.1 ▼	¹²₃ 各科成绩.4.2 ▼
生物	98
生物	99
生物	98
生物	78
生物	89
生物	72
生物	100
生物	88
生物	86
生物	84
生物	93
生物	88

按分隔符拆分,分隔符为"/"　　　　　　　　　　　按字符数拆分,最左边2个字符

ᴬᴮꟲ 各科成绩 ▼	ᴬᴮꟲ 各科成绩 ▼	ᴬᴮꟲ 各科成绩 ▼	ᴬᴮꟲ 各科成绩 ▼	ᴬᴮꟲ 各科成绩 ▼	ᴬᴮꟲ 各科成绩 ▼	ᴬᴮꟲ 各科成绩 ▼
语文97.5	数学106	英语108	生物98	地理99	历史99	政治96
语文110	数学95	英语98	生物99	地理93	历史93	政治92
语文95	数学85	英语99	生物98	地理92	历史92	政治88
语文102	数学116	英语113	生物78	地理88	历史86	政治73
语文88	数学98	英语101	生物89	地理73	历史95	政治91
语文90	数学111	英语116	生物72	地理95	历史93	政治95
语文93.5	数学107	英语96	生物100	地理93	历史92	政治93
语文86	数学107	英语89	生物88	地理92	历史88	政治89
语文93	数学99	英语92	生物86	地理86	历史73	政治92
语文95.5	数学92	英语96	生物84	地理95	历史91	政治92
语文103.5	数学105	英语105	生物93	地理93	历史90	政治86
语文100.5	数学103	英语104	生物88	地理89	历史78	政治90

图6-19　拆分列图示

6.3.2.4　加载到Excel

①在"主页"选项卡上的"关闭"选项组中单击"关闭并上载"按钮旁边的向下箭头。

②从下拉列表中选择"关闭并上载至"命令,打开如图6-20所示的"加载到"对话框。

③在"请选择该数据在工作簿中的显示方式"中按照需要选择加载方式,其中:

选中"表",将会把查询数据直接插入到指定工作表中。

选中"仅创建链接",将仅建立一个数据链接,在Excel工作表中并未添加数据。

④当选择数据加载到"表"中时,可在"选择应上载数据的位置"处指定查询数据存放的位置。

⑤单击"加载"按钮。Excel工作表右侧的"工作簿查询"窗格中将显示所创建的查询名称,光标指向该名称时将会显示详细属性,如图6-20右侧对话框所示。此时双击查询名称,即可启动查询编辑器,同时打开该查询。

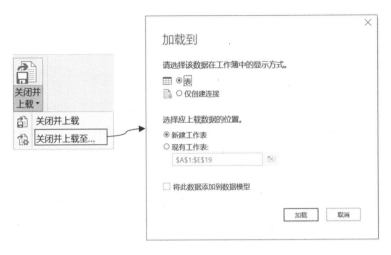

图 6－20　在"导入数据"对话框中指定加载方式

6.4　数据分析操作

6.4.1　排序

对数据进行排序有助于快速直观地组织并查找所需数据。可以对一列或多列中的数据文本、数值、日期和时间按升序或降序的方式进行排序,还可以按自定义序列、格式(包括单元格颜色、字体颜色等)进行排序。大多数排序操作都是列排序。

6.4.1.1　快速简单排序

①打开工作簿文件,输入、设计要排序的数据区域。

提示:通常情况下,参与排序的数据列表需要有标题行且为一个连续区域,很少只单独对某一列进行排序。

②在要作为排序依据的列中单击某个单元格,Excel 自动将其周围连续的区域定义为参与排序的区域且指定首行为标题行。

③在图 6－21 所示的"数据"选项卡上的"排序和筛选"选项组中按下列提示选择排序方式。

a. 单击 升序按钮,当前数据区域按指定列的升序进行排序。

b. 单击 降序按钮,当前数据区域按指定列的降序进行排序。

提示:排序所依据的数据列中的数据格式不同,排序方式也不同。其中,如果是对文本进行排序,则按字母顺序从 A 到 Z 升序,从 Z 到 A 降序;如果是对数值进行排序,则按数字从小到大升序,从大到小降序;如果是对日期和时间进行排序,则按从早到晚的顺序升序,从晚到早的顺序降序。

图 6-21 数据升序和降序排序按钮

6.4.1.2 复杂多条件排序

可以根据需要设置多条件排序。例如,在对成绩按总分高低进行排序时,在总分相同的情况下,语文成绩高的排名靠前,这就需要设置多个条件。

①选择要排序的数据区域,或者单击该数据区域中的任意一个单元格。

②在"数据"选项卡上的"排序和筛选"选项组中单击"排序"按钮,打开"排序"对话框。

③在图 6-22 所示的"排序"对话框中设置排序的第一依据。

a. 在"主要关键字"下拉列表中选择列标题名,作为要排序的第一依据。

b. 在"排序依据"下拉列表中选择是依据指定列中的数值还是格式进行排序。

提示:如果要以格式为排序依据,需要首先对数据列设定不同的单元格颜色、字体颜色等格式。

c. 在"次序"下拉列表中选择排序的顺序。

④继续添加排序第二依据。单击"添加条件"按钮,条件列表中新增一行,依次指定排序的次要关键字、排序依据和次序。

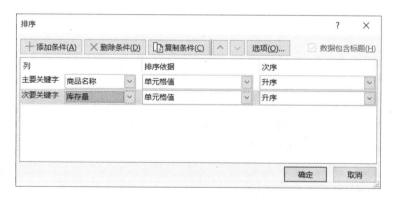

图 6-22 组合条件排序

⑤如需要对排序条件进行进一步设置,可单击对话框右上方的"选项"按钮,打开如图 6-23(a)所示的"排序选项"对话框,在该对话框中进行相应的设置。其中,对西文文本数据排序时可以区分大小写,对中文文本数据可以改为按笔画多少排序,还可以设置按行进行排序,默认情况下均是按列排序的。设置完毕后单击"确定"按钮。

⑥如果有必要,还可以增加更多的排序条件,最后单击"确定"按钮,完成排序设置。

⑦如果要在更改数据列表中的数据后重新应用排序条件,可单击排序区域中的任一单

元格,然后在"数据"选项卡上的"排序和筛选"选项组中单击"重新应用"按钮,如图6-23(b)所示。

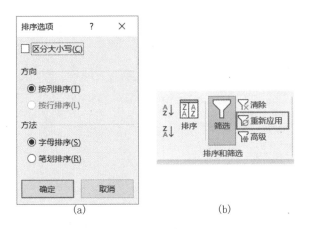

(a)   (b)

图6-23 排序选项对话框

注意:只有当前数据列表被定义为"表"且处于自动筛选状态时,排序条件才会被保存,当数据改变后才可以重新应用排序条件,否则"排序和筛选"选项组中的"重新应用"按钮不可用。

将一个数据区域定义为"表"的方法是:选择该数据区域,从"插入"选项卡上的"表格"选项组中单击"表格"按钮,如图6-24。

图6-24 将一个数据区域定义为"表"

6.4.1.3 按自定义列表排序

除字母和笔画外,还可以按照自定义顺序进行排序,不过,只能基于数据(文本、数值及日期或时间)创建自定义列表,而不能基于格式(单元格颜色、字体颜色等)创建自定义列表。

①首先,通过"文件"选项卡→"选项"命令→"高级"→"常规"下的"编辑自定义列表"按钮创建一个自定义序列,具体方法可参见"4.3.2 自动填充数据"中的相关操作。

②选择要排序的数据区域,或者确保活动单元格在数据列表中。

③在"数据"选项卡上的"排序和筛选"选项组中单击"排序"按钮,打开"排序"对话框。

④在排序条件的"次序"下拉列表中选择"自定义序列",打开"自定义序列"对话框,如

图6-25所示。

⑤从中选择自定义序列后,单击"确定"按钮。

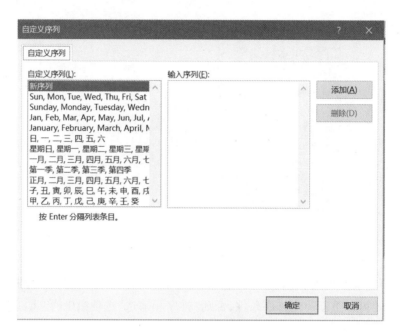

图6-25　按照自定义序列进行排序

6.4.2　筛选数据

6.4.2.1　自动筛选

使用自动筛选来筛选数据,可以快速而又方便地查找和使用数据列表中数据的子集。

①打开工作簿,在工作表中选择要筛选的数据列表。

②在"数据"选项卡上的"排序和筛选"选项组中单击"筛选"按钮,进入自动筛选状态。当前数据列表中的每个列标题旁边均出现一个筛选箭头。

③单击某个列标题的筛选箭头,打开筛选器选择列表,列表下方将显示当前列中包含的所有值。当列中数据格式为文本时显示"文本筛选"命令,如图6-26(a)所示;当列中数据格式为数值时显示"数字筛选"命令,如图6-26(b)所示。

④选用下列方法,在数据列表中搜索或选择要显示的数据。

a.直接在"搜索"框中输入要搜索的文本或数字,可以使用通配符星号"﹡"或问号"?"。

b.在"搜索"下方的列表中指定要搜索的数据。首先单击"(全选)"取消对该复选框的选择,这将删除所有复选框的选中标记,然后仅单击选中希望显示的值,最后单击"确定"按钮。

c.按指定的条件筛选数据。将光标指向"数字筛选"或"文本筛选"命令,在随后弹出的子菜单中设定一个条件。单击最下边的"自定义筛选"命令,将会打开如图6-27所示的

"自定义自动筛选方式"对话框,在其中设定筛选条件。

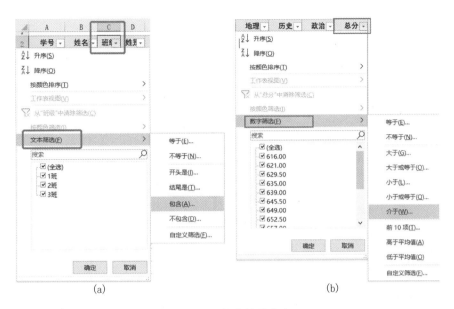

图 6-26 数字筛选命令

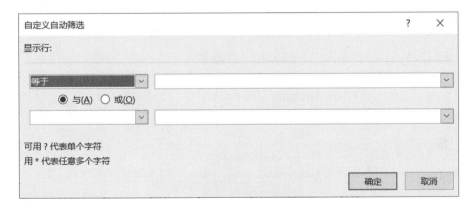

图 6-27 自定义自动筛选对话框

6.4.2.2 高级筛选

①在数据表旁边书写筛选条件,条件标签的列标题必须与数据表中的列标题对应一致。如图6-28所示,数据表为列表区域,筛选条件为条件区域,两个区域至少相隔一列或一行。

②在"数据"选项卡上的"排序和筛选"选项组中单击"高级"按钮,打开如图6-29所示的"高级筛选"对话框。

③在"方式"区域下设定筛选结果的存放位置。

④在"列表区域"框中显示当前选择的数据区域,也可以重新指定区域。

⑤在"条件区域"框中单击鼠标,选择筛选条件所在的区域。

⑥如果指定了"将筛选结果复制到其他位置",则应在"复制到"框中单击鼠标,选择数

据列表中的某一空白单元格,筛选结果将从该单元格开始向右向下填充。

⑦单击"确定"按钮,符合筛选条件的数据行将显示在数据列表的指定位置。

	A	B	C	D	E	F	G	H
1								
2	姓名	班级	数学	英语				
3	花剑影	一班	95.00	98.00		班级	数学	英语
4	万震山	一班	85.00	99.00		一班	<100	>=100
5	任飞燕	一班	116.00	113.00		二班	<50	>110
6	林玉龙	一班	98.00	101.00				
7	杨中慧	一班	111.00	116.00				
8	袁冠南	二班	107.00	96.00				
9	常长风	二班	107.00	89.00			条件区域	
10	卓天雄	二班	99.00	92.00				
11	马钰	二班	92.00	96.00				
12	盖一鸣	二班	105.00	105.00				
13	逍遥玲	二班	103.00	104.00				
14	周威信	三班	98.00	101.00			列表区域	
15	徐霞客	三班	95.00	94.00				
16	杜学江	三班	100.00	97.00				
17	丁勉	三班	97.00	102.00				
18	萧半和	三班	89.00	94.00				
19	史仲俊	三班	94.00	99.00				

图 6 - 28　列表区域与条件区域示例

图 6 - 29　高级筛选对话框

6.4.2.3　清除筛选

①清除某列的筛选条件。在已设有自动筛选条件的列标题旁边的筛选箭头上单击,从列表中选择"从＊＊中清除筛选",其中,"＊＊"为列标题。

②清除工作表中所有筛选条件并重新显示所有行。在"数据"选项卡上的"排序和筛选"选项组中单击"清除"按钮。

③退出自动筛选状态。在已处于自动筛选状态的数据列表中的任意位置单击鼠标,在"数据"选项卡上的"排序和筛选"选项组中单击"筛选"按钮。

6.4.3 分类汇总操作

6.4.3.1 插入分类汇总

分类汇总前,必须先依据汇总列数据进行排序,否则无法得出正确结果。

①选择要进行分类汇总的数据区域。

②首先要对作为分组依据的数据列进行排序,升序或降序均可。

③保证当前单元格在数据列表中,在"数据"选项卡上的"分级显示"选项组中单击"分类汇总"按钮,打开如图6-30所示的"分类汇总"对话框。

图6-30 分类汇总对话框

④在"分类字段"下拉列表中单击要作为分组依据的列标题。

⑤在"汇总方式"下拉列表中单击用于计算的汇总函数。

⑥在"选定汇总项"列表框中,单击选中要进行汇总计算的列。

⑦其他设置。选中"每组数据分页"复选框,将对每组分类汇总结果自动分页;清除"汇总结果显示在数据下方"复选框,汇总行将位于明细行的上方。

⑧单击"确定"按钮,数据列表按指定方式显示分类汇总结果。

⑨如果需要,还可以重复步骤③~⑦,再次使用"分类汇总"命令,添加更多分类汇总。为了避免覆盖现有分类汇总,应清除对"替换当前分类汇总"复选框的选择。

6.4.3.2 删除分类汇总

①在已进行了分类汇总的数据区域中单击任意一个单元格。

②在"数据"选项卡上的"分级显示"选项组中单击"分类汇总"。

③在"分类汇总"对话框中单击"全部删除"按钮。

6.4.4 透视表操作

6.4.4.1 创建透视表

Excel可以根据源数据内容自动推荐一组透视表样式以供选择,也可以自己指定透视表内容。源数据区域必须有且只有一行列标题,并且该区域中没有空行和空列。

1. 推荐的数据透视表

①在用作数据源区域中的任意一个单元格中单击鼠标或者选择该区域。

②在"插入"选项卡上的"表格"选项组中单击"推荐的数据透视表"按钮,打开如图6-31所示的"推荐的数据透视表"对话框。

③从推荐列表中选择一个合适的样式。如果都不符合要求,可单击"空白数据透视表"按钮,均可在新工作表中创建一个数据透视表。

图6-31 "推荐的数据透视表"对话框

2. 自行创建数据透视表

①在用作数据源区域中的任意一个单元格中单击鼠标或者选择数据源区域。

②在"插入"选项卡上的"表格"选项组中单击"数据透视表"按钮,打开"创建数据透视表"对话框,如图6-32所示。

③指定数据来源。在"选择一个表或区域"项下的"表/区域"框中显示当前已选择的数据源区域,可以根据需要重新选择数据源。

④指定数据透视表存放的位置。选中"新工作表",数据透视表将放置在新插入的工作表中;选择"现有工作表",然后在"位置"框中指定放置数据透视表的区域的第一个单元格,数据透视表将放置到已有工作表的指定位置。

⑤单击"确定"按钮,Excel会将空的数据透视表添加至指定位置并在右侧显示"数据透

视表字段"窗格,如图6-33所示。该窗口上半部分为字段列表,显示可以使用的字段名,也就是源数据区域的列标题;下半部分为布局区域,包含"筛选""列""行"和"值"4项。

⑥按照下列提示向数据透视表中添加字段。

a. 默认情况下,非数值字段会自动添加到"行"区域,数值字段添加到"值"区域。

b. 若要将字段放置到布局的特定的区域中,可以直接将字段名从字段列表中拖动到布局的某个区域中;也可以在字段列表的字段名称上单击右键,然后从快捷菜单中选择相应命令。

c. 如果想要删除字段,只需要在字段列表中单击取消对该字段名复选框的选择即可。

图6-32　"创建数据透视表"对话框

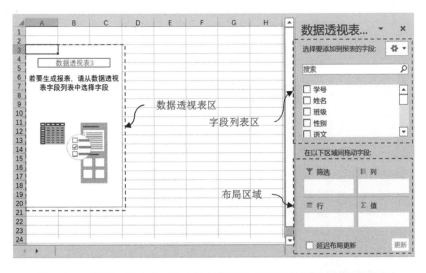

图6-33　在新工作表中插入空白的透视表并显示数据透视表字段窗格

⑦在数据透视表中筛选字段。加到数据透视表中的字段名右侧均会显示箭头,通过该箭头可对数据进行进一步筛选。

6.4.4.2 更新和维护数据透视表

在数据透视表区域的任意单元格中单击,功能区中会出现"数据透视表工具"所属的"分析"和"设计"两个选项卡。通过如图6-34所示的"数据透视表工具|分析"选项卡可以对数据透视表中数据进行各种操作。

图6-34 "数据透视表工具|分析"选项卡

①刷新数据透视表。在创建数据透视表之后,如果对数据源中的数据进行了更改,那么需要在"数据透视表工具|分析"选项卡上单击"数据"选项组中的"刷新"按钮,所做的更改才能反映到数据透视表中。

②更改数据源。如果在源数据区域中添加或减少了行或列数据,则可以通过更改源数据将这些行或列包含到或剔除出数据透视表。方法是:

a. 在数据透视表中单击,在"数据透视表工具|分析"选项卡上单击"数据"选项组中的"更改源数据"按钮。

b. 从打开的下拉列表中选择"更改数据源"命令,打开如图6-35所示的"更改数据透视表数据源"对话框。

c. 重新选择数据源区域以包含新增行列数据或减少行列数据,然后单击"确定"按钮。

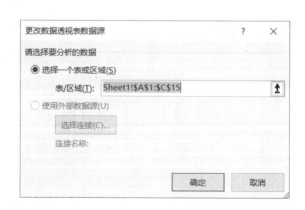

图6-35 "更改数据透视表数据源"对话框

③更改数据透视表名称及布局。在"数据透视表工具|分析"选项卡上的"数据透视表"选项组中,可进行下列设置:

a.在"数据透视表名称"下方的文本框中输入新名称后按回车键,可重新命名当前透视表。

b.单击"选项"按钮,在随后弹出的如图6－36(a)所示的"数据透视表选项"卡中可对透视表的布局及数据显示方式等进行设定。其中在图6－36(b)所示的"汇总和筛选选项"卡中可以设定是否自动显示汇总行列。

c.如果已指定了报表筛选项,则单击"选项"按钮旁边的黑色箭头,从下拉列表中选择"显示报表筛选页"命令,用于按指定的筛选项自动批量生成多个透视表。例如,如果指定"班级"为筛选项,则可自动为每个班级的数据生成一个独立透视表。

(a)"布局和格式选项"卡　　　　(b)"汇总和筛选选项"卡

图6－36　"数据透视表选项"对话框

④设置活动字段。活动字段即当前光标所在的字段。在"数据透视表工具|分析"选项卡上的"活动字段"选项组中,可进行下列设置:

a.在"活动字段"下方的文本框中输入新的字段名,也可以更改当前字段名称。

b.单击"字郎设置"按钮,打开"值字段设置"对话框(当前字段性质不同,对话框中选项也会有所不同)。图6－37所示的是当前字段为值汇总字段时对话框显示的内容,在该对话框中可以对值汇总方式、值显示方式等进行设置。

(a)"值汇总方式"选项卡   (b)"值显示方式"选项卡

图6-37 "值字段设置"对话框

⑤对数据透视表的排序和筛选。单击透视表中"行标签"的筛选箭头,从下拉列表中可对透视数据指定筛选条件或进行排序。如图6-38(a)所示,单击"其他排序选项"命令,打开如图6-38(b)所示的"排序"对话框,可指定排序字段,单击"其他选项"按钮,可进一步设置排序依据与方式。

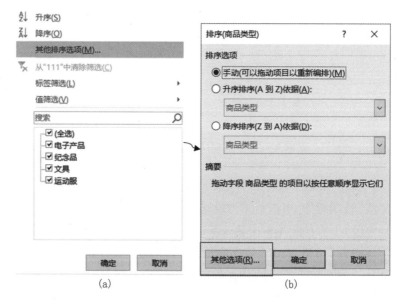

(a)   (b)

图6-38 "排序"对话框

6.4.4.3 设置透视表格式

可以像对普通表格那样对数据透视表进行格式设置,因为它本来也是个表格,还可通过如图6-39所示的"数据透视表工具|设计"选项卡为数据透视表快速指定预置样式。

①在数据透视表中的任意单元格中单击,在"数据透视表工具|设计"选项卡上单击"数据透视表样式"选项组中的任意样式,相应格式应用到当前数据透视表。

图6-39 "数据透视表工具|设计"选项卡

②利用"布局"选项组和"数据透视表样式选项"选项组对透视表的显示格式进行细节设定。

③在数据透视表中选择需要进行格式设置的单元格区域,从"开始"选项卡的"字体""对齐方式""数字"及"样式"选项组进行相应的格式设置。

6.4.4.4 创建切片器和日志表筛选器

如果要对数据透视表中的数据进行动态筛选,可以利用切片器或日程表。

1. 插入切片器

利用切片器可对数据透视表中的数据进行全方位的快速筛选,同时保留当前的筛选状态。

①在"数据透视表工具|分析"选项卡上的"筛选"选项组中单击"插入切片器",打开"插入切片器"对话框。

②在"插入切片器"对话框中选中要显示的字段所对应的复选框,单击"确定"按钮,Excel将分别为每个选定的字段创建切片器,如图6-40所示。

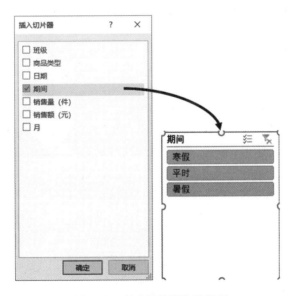

图6-40 创建切片器筛选数据

③单击切片器中的项目筛选按钮,筛选结果将自动应用到数据透视表中。按住 Ctrl 键单击可选择多项显示。若要清除切片器的筛选项,可单击切片器右上角的"清楚筛选器"图

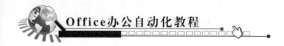

标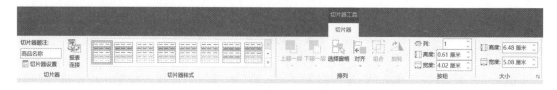。

④单击选中切片器,功能区中显示如图 6 - 41 所示的"切片器工具"选项卡,可调整切片器格式。

图 6 - 41   "切片器工具"选项卡

⑤直接拖动切片器可移动其位置,拖动边框上的尺寸控点可改变其大小,按 Delete 键可删除切片器。

2. 插入日程表

日程表是一个动态筛选工具,可轻松按日期/时间进行筛选,方便随时更改时间范围。

①在数据透视表中的任意位置单击。

②在"数据透视表工具|分析"选项卡上的"筛选"选项组中单击"插入日程表",打开"插入日程表"对话框。

③在"插入日程表"对话框中选中所需的日期字段,单击"确定"按钮,插入日程表。

④在日程表中可在 4 个时间级别(年、季度、月或日)按时间段进行筛选。如图 6 - 42所示,单击时间级别旁边的箭头,从下拉列表中指定时间级别。将日程表滚动条拖动到要分析的时间段,拖动滚动条两侧的时间范围控点可调整任意一侧的日期范围。

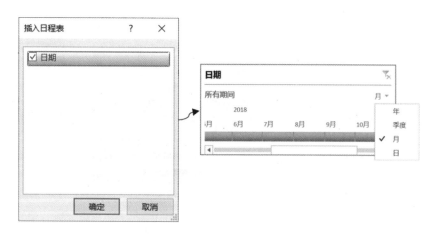

图 6 - 42   创建日程表筛选时间

⑤单击选中日程表,功能区中显示如图 6 - 43 所示的"日程表工具"选项卡,可调整日程表格式。

⑥直接拖动日程表可移动其位置,拖动边框上的尺寸控点可改变其大小,按 Delete 键可删除日程表。

图6-43　"日程表工具"选项

6.4.4.5　创建数据透视图

数据透视图以图表形式呈现数据透视表中的汇总数据。数据透视图的源效据是相关联的数据透视表。在相关联的数据透视表中对字段布局和数据所做的更改,会立即反映在数据透视图中。数据透视图及其相关联的数据透视表必须始终位于同一个工作簿中。数据透视图与普通图表的区别在于,当创建数据透视图时,数据透视图的图表区中将显示字段筛选器,以便对基本数据进行排序和筛选。

①在已创建好的数据透视表中单击,该表将作为数据透视图的数据来源。

②在"数据透视表工具|分析"选项卡上,单击"工具"选项组中的"数据透视图"按钮,打开"插入图表"对话框。

③与创建普通图表一样,可选择相应的图表类型和图表子类型。数据透视图只支持部分图表类型。

④单击"确定"按钮,数据透视图插入到当前数据透视表中,如图6-44所示。单击图表区中的字段筛选器,可更改图表中显示的数据。

⑤在数据透视图中单击,功能区中出现"数据透视图工具"下的"分析""设计""格式"3个选项卡,通过这3个选项卡可以对透视图进行修饰和设置,方法与普通图表类似。

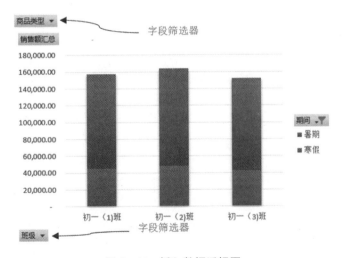

图6-44　插入数据透视图

6.4.4.6　删除数据透视表或透视图

1.删除数据透视表

①在要删除的数据透视表的任意位置单击。

②在"数据透视表工具 | 分析"选项卡上,单击"操作"选项组中"选择"按钮下方的箭头。

③从下拉列表中单击选择"整个数据透视表"命令。

④按 Delete 键。

2．删除数据透视图

在要删除的数据透视图的任意空白位置单击,然后按 Delete 键。删除数据透视图不会删除相关联的数据透视表。

6.5 综 合 案 例

6.5.1 案例描述

以学生成绩作为分析对象进行数据分析。具体要求如下:

6.5.1.1 数据预处理操作

如图 6-45 所示,"源数据"是一个不规则的数据表格,每个学生的各科成绩均列在同一单元格,班级也没有填充到所有单元格内,这样不便于统计分析,需要进行预处理操作,即对班级进行填充,对各科成绩进行拆分,并生成总成绩和平均分。

源数据

班级2	性别	各科成绩
一班	男	语文97.5/数学106/英语108/生物98/地理99/历史99/政治96/
	女	语文110/数学95/英语98/生物99/地理93/历史93/政治92/
	男	语文95/数学85/英语99/生物98/地理92/历史92/政治88/
	女	语文102/数学116/英语113/生物78/地理88/历史86/政治73/
	男	语文88/数学98/英语101/生物89/地理73/历史95/政治91/
	女	语文90/数学111/英语116/生物72/地理95/历史93/政治95/
二班	男	语文93.5/数学107/英语96/生物100/地理93/历史92/政治93/
	男	语文86/数学107/英语89/生物88/地理92/历史88/政治89/
	男	语文93/数学99/英语92/生物86/地理86/历史73/政治92/

班级的填充 　　成绩的拆分 　　生成总分和平均分

预处理结果

姓名	班级	性别	语文	数学	英语	生物	地理	历史	政治	总分	平均分
刘於义	一班	男	97.50	106.00	108.00	98.00	99.00	99.00	96.00	703.50	100.50
花剑影	一班	女	110.00	95.00	98.00	99.00	93.00	93.00	92.00	680.00	97.14
万震山	一班	男	95.00	85.00	99.00	98.00	92.00	92.00	88.00	649.00	92.71
任飞燕	一班	女	102.00	116.00	113.00	78.00	88.00	86.00	74.00	657.00	93.86
林玉龙	一班	男	88.00	98.00	101.00	89.00	73.00	95.00	91.00	635.00	90.71
杨中慧	一班	女	90.00	111.00	116.00	75.00	95.00	93.00	95.00	675.00	96.43
袁冠南	二班	男	94.50	107.00	96.00	100.00	93.00	92.00	93.00	675.50	96.50
常长风	二班	男	86.00	107.00	89.00	88.00	92.00	88.00	89.00	639.00	91.29
卓天雄	二班	男	93.00	99.00	92.00	86.00	86.00	73.00	92.00	621.00	88.71

图 6-45 源数据预处理填充拆分及汇总示例

6.5.1.2 数据分析

数据分析包含三种分析,即数据筛选、数据汇总和透视表分析。

(1)数据筛选。在表"预处理结果"的基础上,筛选出年级总分前 8 名且属于一班的学生。

（2）分类汇总。在表"预处理结果"的基础上,汇总出各班各科平均分,统计出各班的总分最高分。

（3）透视表分析。在表"预处理结果"的基础上:①按获奖类型统计每个班级在不同期间的总的获奖数量;②为每个获奖类型的获奖数量生成独立表;③根据①生成的表数据生成"堆积柱形图",如图6－46所示。

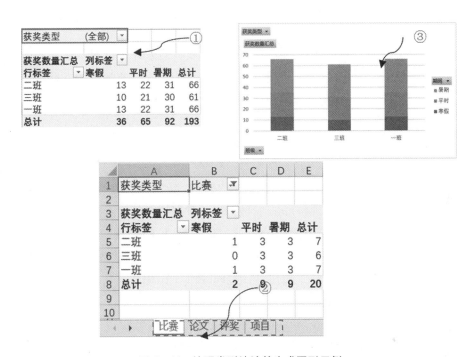

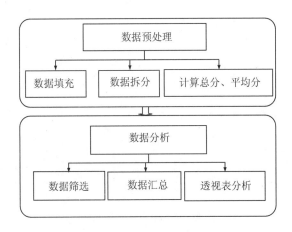

图6－46　按照类型统计并生成图形示例

6.5.2　流程设计

整个数据分析流程如图6－47所示,各步骤初步的解决方案如下:

图6－47　数据分析流程图

6.5.2.1 数据预处理

通过查询编辑器Power Query对数据进行填充和数据拆分,再利用公式和函数生成总成绩和平均分。

6.5.2.2 数据分析

通过数据筛选、数据汇总和数据透视表分析完成数据分析工作。

①通过数据筛选功能,筛选出年级总分前8名中属于一班的学生数据。

②数据汇总。通过分类汇总功能,汇总出每个班各科的平均分,并统计出每个班的总分最高分。

③透视表功能分析。利用数据透视表实现按获奖类型统计各班在不同期间的总获奖数量功能,利用数据透视表分析的显示报表筛选页功能为每个获奖类型的获奖数量生成独立的表,再利用数据透视图功能完成堆积柱形图的生成。

6.5.3 操作步骤

6.5.3.1 数据预处理

打开案例文档"数据分析.xlsx",工作表"01_原始数据"中是不规则的数据表格,不便于统计分析。通过查询编辑器Power Query对数据进行重新整理。

①在工作表"01_原始数据"中,选中数据表,即选中A1:E19,从"数据"选项卡上的"获取和转换"选项组中单击"从表格"按钮,在"创建表"对话框中确认数据来源正确,且选中"表包含标题"复选框。单击"确定"按钮,启动"Power Query编辑器",所选表数据显示在编辑器窗口中。以下操作均在该窗口中进行。

②在右侧的"名称"框中输入"初一期末成绩"作为查询的名称。

③选中"班级"列,在"转换"选项卡上的"任意列"选项组中选择"填充"→"向下"。

④单击"学号"标题左侧的数据类型按钮,从下拉列表中选择"文本",将学号的数字格式改为文本型,如图6-48所示。

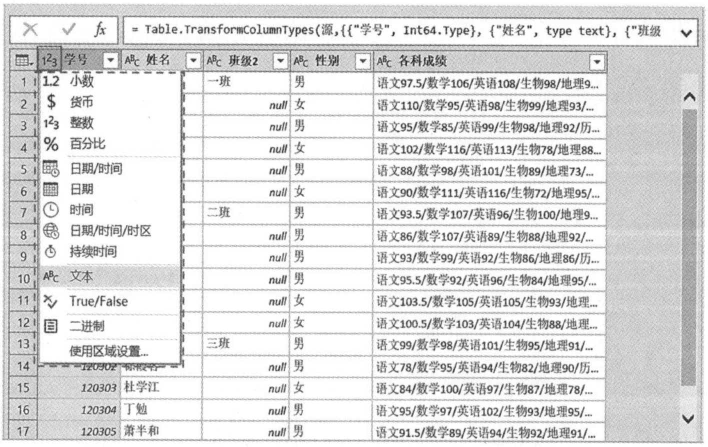

图6-48 向下填充单元格

⑤选中"各科成绩"列,在"转换"选项卡上的"文本列"选项组中选择"拆分列"→"按分隔符",弹出"按分隔符拆分列"对话框,确定分隔符正确且拆分位置为"每次出现分隔符时"。单击打开"高级选项",选择拆分为"列",如图 6 – 49 所示,单击"确定"按钮,成绩列中内容按分隔符"/"拆分成行显示。

⑥继续选中各科成绩列,依次选择"主页"选项卡→"转换"选项组中的"拆分列"→"按字符数",打开"按字符数拆分列"对话框。在"字符数"文本框中输入"2",在"拆分"下选择"一次,尽可能靠左"单选按钮,单击"确定"按钮,如图 6 – 50 所示。

⑦各科成绩进一步拆分为科目和成绩两列,最终只保留成绩列,并将成绩列的标题改为该科目的名称,如图 6 – 51 所示。

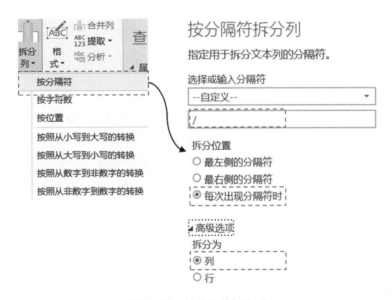

图 6 – 49　按分隔符拆分列

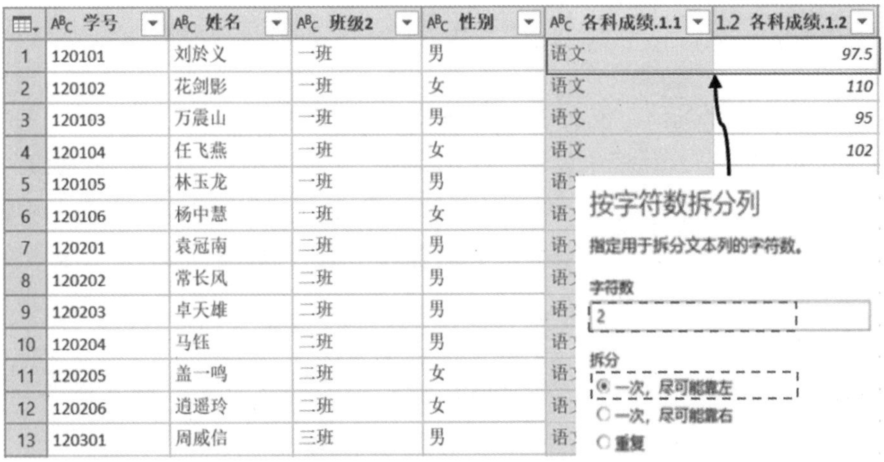

图 6 – 50　各科成绩按字符数拆分列

	1.2 语文 ▼	1.2 数学 ▼	1.2 英语 ▼
1	97.5	106	108
2	110	95	98
3	95	85	99
4	102	116	113
5	88	98	101

图 6-51　保留成绩列并修改成绩列标题

⑧在最右侧的空列标题上单击鼠标右键,从快捷菜单中选择"删除"命令,将空列删除。

⑨在"主页"选项卡上选择"关闭并上载"按钮,将整理好的数据表加载到工作簿,并将该工作表名称定义为"02_成绩"。

6.5.3.2　数据筛选

打开案例文档"数据分析.xlsx"的工作表"02_成绩",筛选出年级总分前 8 名中属于一班的学生,具体操作如下:

①选中数据表,即选中 A2:M20 区域,单击鼠标,依次选择"开始"选项卡→"编辑"选项组中的"排序和筛选"按钮→"筛选"命令,进入自动筛选状态。

②单击"总分"旁的筛选箭头,从"数字筛选"子菜单中选择"前 10 项"命令。

③在"自动筛选前 10 个"对话框中,将中间的数字改为 8,单击"确定"按钮。

④继续单击"班级"旁的筛选箭头,从"搜索"下方的列表中先单击取消"(全选)"复选再单击选中"一班"复选框,单击"确定"按钮。

6.5.3.3　数据分类汇总

打开案例文档"数据分析.xlsx"的工作表"02_成绩",汇总出每个班各科平均分,同时统计出每个班的总分最高分。具体操作步骤为:

①排序。在数据区域的"班级"所在列中单击任一单元格,依次选择"开始"选项卡→"编辑"选项组中的"排序和筛选"按钮→"升序"命令。因为是按班级汇总,所以应先行按班级进行排序。

②汇总各班各科平均值。依次选择"数据"选项卡→"分级显示"选项组中的"分类汇总"按钮,在"分类汇总"对话框中设置:分类字段为"班级";汇总方式为"平均值";汇总项为语文、数学、英语、生物、地理、历史、政治 7 项,同时取消对"平均分""总分"两项的选择[如图 6-52(a)所示],最后单击"确定"按钮,各班各科平均成绩自动计算并显示在各组明细数据下方。

（a）第1次汇总平均分　　　　　　（b）第2次汇总最大值

图6-52　为案例设置连续的分类汇总条件

③继续统计各班总分的最高分。在数据区域中任意位置单击，依次选择"数据"选项卡→"分级显示"选项组中的"分类汇总"按钮，在"分类汇总"对话框中设置：分类字段为"班级"；汇总方式为"最大值"；汇总项只选择"总分"项→单击取消对"替换当前分类汇总"复选框的选择［如图6-52（b）所示］，最后单击"确定"按钮，在各班各科平均成绩的上一行中自动统计出各班的总分最高分。

④可以分别将C9、C17、C25单元格中的文本"最大值"替换为"总分最高分"，以方便阅读。分类汇总结果可参见同一案例文档的工作表"答案"。

6.5.3.4　数据透视表分析

打开案例文档"数据分析.xlsx"中的工作表"班级获奖情况"，该表统计了各班级的各种获奖情况，通过数据透视表进行下列统计分析。

1.每个班级在不同期间的总的获奖数量

操作步骤如下：

①首先按下面方法创建数据透视表；

a.在工作表"班级获奖情况"中的数据区域，即A2:E38单元格区域内单击鼠标。

b.依次选择"插入"选项卡→"表格"选项组中的"推荐的数据透视表"按钮，在对话框中选中第一个推荐样式，单击"确定"按钮。

c.将新工作表名改为"数据透视"。

②按下面方法对数据透视表进行布局：

a.在"数据透视表字段"窗格中将"获奖类型"字段拖动到"筛选"区。

b.将"期间"字段拖动到"列"区。

数据透视表中将会对各个班级每个期间的全部数量进行汇总，同时在数据表的最上方添加用于筛选商品的报表字段，如图6-53所示。

图6－53　将字段添加到不同的布局区域对透视表显示相应汇总结果

③按下面方法对数据透视表进行修饰：

a.在A3单元格中单击右键，从快捷菜单中选择"值字段设置"命令，在"自定义名称"文本框中输入"获奖数量汇总"替换默认字段名。

b.在"数据透视表工具|设计"选项卡上的"数据透视表样式"选项组中选用一个新样式并单击选中"镶边列"复选框。

c.改变数据透视表中数据的字体、字号，适当调整行高和列宽。

2.为每个获奖类型的获奖数量生成独立的透视表

①按下面方法分商品生成独立的统计表：

a.在"数据透视表工具|分析"选项卡上的"数据透视表"选项组中单击"选项"按钮旁的黑色箭头，从下拉列表中选择"显示报表筛选页"命令。

b.在如图6－54所示的"显示报表筛选页"对话框中选择"获奖类型"字段，单击"确定"按钮，将以商品类型为表名分别生成多个透视表。

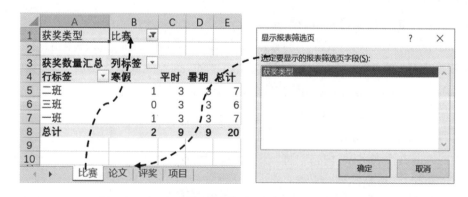

图6－54　通过"显示报表筛选页"批量生成分项透视表

3.根据要求 1 生成的数据透视表生成"堆积柱形图"

按下面方法创建数据透视图：

①在工作表"数据透视"的数据透视表区域中单击。

②依次选择"数据透视表工具|分析"选项卡→"工具"选项组→"数据透视图"按钮→"堆积柱形图"。

③移动图表到空白位置。

④单击图表中的字段筛选器"期间"，设定只对"寒假"和"暑假"两个时间段数据进行比较，如图 6 – 55 所示。

创建数据透视表的结果可参见案例文档"数据透视表案例(答案). xlsx "。

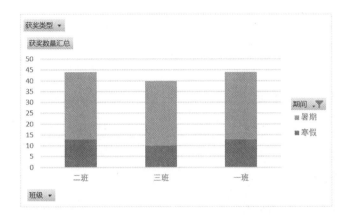

图 6 – 55　在数据透视图中通过字段筛选器设定只显示寒假和暑期数据

第7章 Excel 数据可视化操作

Excel
数据可视化操作

本章介绍 Excel 数据可视化操作,包括迷你图和图表的制作。通过本章的学习,读者不仅能够加深理解 Excel 可以通过更加形象化的图标使人们更容易理解数据,而且能够善于利用 Excel 工具,方便快捷地完成数据可视化工作。

7.1 概念及意义

7.1.1 数据可视化的定义

数据可视化是指将数据以视觉形式来呈现,以帮助人们理解这些数据的意义。文本形式的数据很混乱,而可视化的数据可以帮助人们快速、轻松地提取数据中的含义。数据视化可以充分展示数据的模式、趋势和相关性。

7.1.2 数据可视化的意义

①对于商业领域工作者来说,具有吸引力的图表可以帮助其快速理解数据的含义或变化。

②对于科学工作者,用可视化程度高、可读性强的图表,可以更好地对数据进行观测和跟踪。

③对于其他领域的工作者,利用极具冲击力的图表,可以加强说服力,可用于教育、宣传或政治领域。

7.2 主 要 内 容

7.2.1 迷你图

迷你图是插入工作表单元格中直观表示数据的微型图表。迷你图可以辅助分析一系列数值的趋势,并突显最大值和最小值等。与 Excel 工作表中的其他图表不同,迷你图可以在单元格中使,也可以利用自动填充功能,为后续数据行添加迷你图,如图 7-1 所示。

	2015年	2016年	2017年	2018年	2019年	迷你图趋势
销售额	2,735.92	2,240.20	2,596.28	3,620.05	4,195.07	历年销售情况变化

图7-1 迷你图示例

7.2.2 Excel 图表

相对于迷你图,图表作为表格中的嵌入对象,其类型更丰富、创建更灵活、功能更全面、数据展示作用也更为强大。

7.2.2.1 Excel 图表类型

Excel 主要提供以下几大类图表,如下所示。

1. 柱形图

柱形图用于显示一段时间内的数据变化或说明各类别之间的比较情况。在柱形图中,通常沿水平坐标轴组织类别,沿垂直坐标轴显示数值,如图7-2所示。

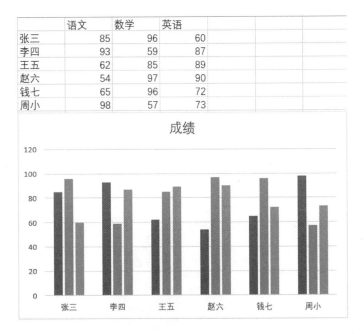

图7-2 柱形图示例

2. 折线图

折线图可以显示随时间而变化的连续数据,通常适用于显示在相等时间间隔下数据的趋势。在折线图中,通常类别沿水平轴均匀分布,所有的数值沿垂直轴分布,如图7-3所示。

3. 饼图

饼图显示一个数据系列中各项数值的大小、各项数值占总和的比例。饼图中的数据点显示为整个饼图的百分比。饼图大类下包含的圆环图显示各个部分与整体之间的关系，可以包含多个数据系列，如图7－4所示。

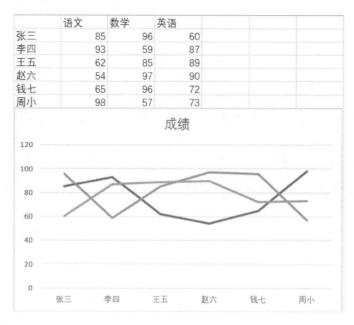

图7－3　折线图示例

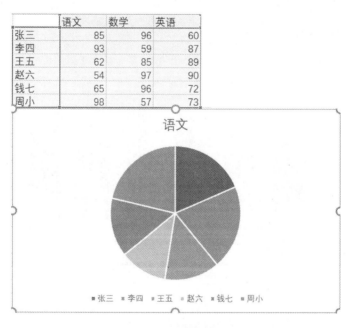

图7－4　饼状图示例

4.面积图

面积图显示数值随时间或其他类别数据变化的趋势。面积图强调数量随时间而变化的程度，用于引起人们对总值趋势的注意，并可显示部分与整体的关系。如图7－5所示。

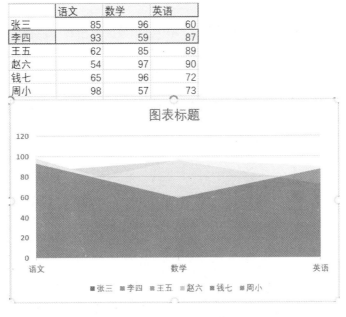

	语文	数学	英语
张三	85	96	60
李四	93	59	87
王五	62	85	89
赵六	54	97	90
钱七	65	96	72
周小	98	57	73

图 7-5　面积图示意

5. XY 散点图

散点图显示若干数据系列中各数值之间的关系,或者将两组数字绘制为坐标的一个系列。散点图有两个数值轴,沿水平坐标轴(x 轴)方向显示一组数值数据,沿垂直全标轴(y 轴)方向显示另一组数值数据,如图 7-6 所示。

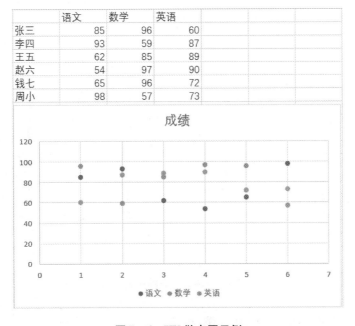

	语文	数学	英语
张三	85	96	60
李四	93	59	87
王五	62	85	89
赵六	54	97	90
钱七	65	96	72
周小	98	57	73

图 7-6　XY 散点图示例

6. 雷达图

富达图用于比较若干数据系列的聚合值,图中显示数据值相对于中心点的变化,如图7-7所示。

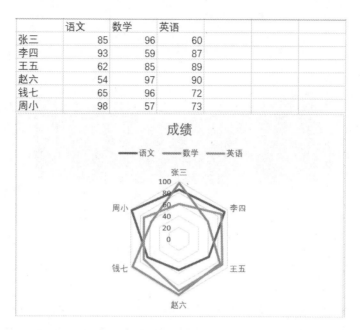

	语文	数学	英语		
张三	85	96	60		
李四	93	59	87		
王五	62	85	89		
赵六	54	97	90		
钱七	65	96	72		
周小	98	57	73		

图7-7 雷达图示例

7.2.2.2 Excel 图表的基本组成

图表中常见元素及其名称和作用,如图7-8所示。

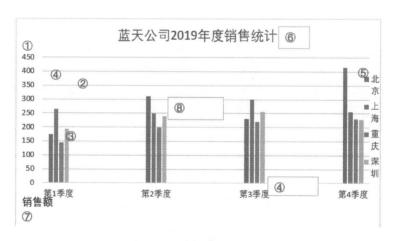

图7-8 构成图表的主要元素

①图表区。包含整个图表及其全部元素。一般在图表的空白处单击即可选定整个图表区。

②绘图区。通过坐标轴来界定的区域,包括所有数据系列、分类名、刻度线标志和坐标轴题等。

③在图表中绘制的数据系列的数据点。数据系列是指在图表中绘制的有关数据,这些数据源自数据表的行或列。图表中的每个数据系列具有唯一的颜色或图案,并且在图表的图例中表示。可以在图表中绘制一个或多个数据系列(饼图只有一个数据系列)。数据点是在图表中绘制的单个值,这些值由条形、柱形、折线、饼图或圆环图的扇面、圆点和其他被称为数据标记的图形表示。相同颜色的数据标记组成一个数据系列。

④横坐标轴(X轴、分类轴)和纵坐标轴(Y轴、值轴):坐标轴是界定图表绘图区的线条,用作度量的参照框架。Y轴通常为垂直坐标轴并包含数据,X轴通常为水平坐标轴并包含分类。数据沿着横坐标轴和纵坐标轴绘制在图表中。

⑤图表的图例:图例是放置在图表绘图区外的数据系列的标签,用不同的图案或颜色标识图表中的数据系列。

⑥图表标题:是对整个图表的说明性文本,自动在图表顶部居中对齐,也可以移动到其他位置。

⑦坐标轴标题:是对坐标轴的说明性文本,自动与坐标轴对齐,也可以移动到其他位置。

⑧数据标签:可以用来标识数据系列中数据点的详细信息。数据标签代表源于数据表单元格的单个数据点或数值。

7.3　Excel 迷你图操作

7.3.1　创建迷你图

创建迷你图的基本方法如下:

①首先打开一个工作簿文档,输入相关数据。

②在要插入迷你图的单元格中单击鼠标。

③在"插入"选项卡上的"迷你图"选项组中单击迷你图的类型,打开如图7-9所示的"创建迷你图"对话框,可供选择的迷你图类型包括折线图、柱形图和盈亏图3种。

④在"数据范围"框中输入或选择创建迷你图所基于的数据所在的单元格区域。

⑤在"位置范围"框中指定迷你图的放置位置。

⑥单击"确定"按钮,将迷你图插入到指定单元格中。

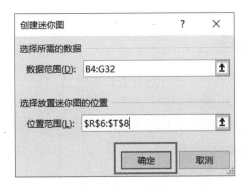

图7-9　"创建迷你图"对话框

⑦向迷你图添加文本。由于迷你图是以背景方式插入单元格中的,所以可以在含有迷你图的单元格中直接输入文本、设置文本格式及为单元格填充背景颜色等。效果可参见图7-10所示。

	2015年	2016年	2017年	2018年	2019年	迷你图趋势
销售额	2,735.92	2,240.20	2,596.28	3,620.05	4,195.07	历年销售情况变化

图7-10　迷你图示意

⑧填充迷你图。如果相邻区域还有其他数据系列,那么拖动迷你图所在单元格的填充柄可以像复制公式一样填充迷你图。

7.3.2　修改迷你图类型

当在工作表上选择某个迷你图时,功能区中将会出现如图7-11所示的"迷你图工具|设计"选项卡。通过该选项卡,可以创建新的迷你图,更改其类型,设置其格式,显示或隐藏折线迷你图上的数据点,或者设置迷你图坐标轴的可见性及缩放比例等。

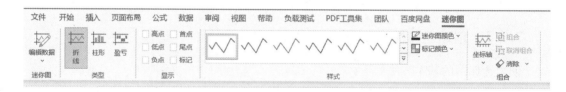

图7-11　修改迷你图类型

改变迷你图类型的方法如下:

①取消图组合。如果是以拖动填充柄的方式生成的系列迷你图,默认情况下这组图被自动组合成一个图组。首先选择要取消组合的图组,在"迷你图工具|设计"选项卡上的"组合"选项组中单击"取消组合"按钮,撤销图组合。

②单击要改变类型的迷你图。

③在"迷你图工具|设计"选项卡上的"类型"选项组中重新选择一个类型。

7.3.3　突出显示数据点

可以通过设置来突出显示迷你图中的各个数据标记。

①选择要突出显示数据点的迷你图。

②在"迷你图工具|设计"选项卡上的"显示"选项组中按照需要进行下列设置:

选中"标记"复选框,显示所有数据标记。

选中"负点"复选框,显示负值。

选中"高点"或"低点"复选框,显示最高值或最低值。

选中"首点"或"尾点"复选框,显示第一个值或最后一个值。

③清除相应复选框,将隐藏指定的一个或多个标记。

7.3.4 设置迷你图样式和颜色

①选择要设置格式的迷你图。

②应用预定义样式。在"迷你图工具|设计"选项卡上的"样式"选项组中单击应用某个样式,通过该组右侧的"更多"按钮可查看并选择其他样式。

③自定义迷你图及标记的颜色:

单击"样式"选项组中的"迷你图颜色"按钮,在下拉列表中更改颜色及线条粗细。

单击"样式"选项组中的"标记颜色"按钮,在下拉列表中为标记值设定不同的颜色。

7.3.5 处理隐藏和空单元格

当迷你图所引用的数据系列中含有空单元格或者被隐藏的数据时,可指定处理该单元格的规则,从而控制如何显示迷你图。具体方法是:

选择要进行设置的迷你图,在"迷你图工具|设计"选项卡上的"迷你图"选项组中单击"编辑数据"按钮下方的黑色箭头,从下拉列表中选择"隐藏和清空单元格"命令,打开"隐藏和空单元格设置"对话框,如图7－12所示,在该对话框中按照需要进行相关设置。

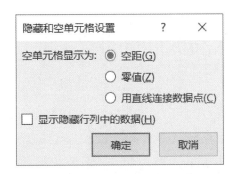

图7－12 "隐藏和空单元格设置"对话框

7.3.6 清除迷你图

选择要清除的迷你图,在"迷你图工具|设计"选项卡上的"组合"选项组中单击"清除"按钮。

7.4 Excel 图 表

7.4.1 创建基本图表

创建图表前,应先组织和排列数据,并依据数据性质确定相应图表类型。对于创建图表所依据的目的数据,应按照行或列的形式组织数据,并在数据的左侧和上方分别设置行标题和列标题,行标题最好是文本,这样 Excel 会自动根据所选数据区域确定在图表中绘制数据的最佳方式。某些图表类(如饼图和气泡图)则需要特定的数据排列方式。

当不明确应该采用什么类型的图表时,Excel 会根据选定的数据尝试推荐一个或几个可能合适的图表类型以供选择。创建图表的基本方法如下:

①在工作表中输入并排列要绘制在图表中的数据。

②选择要用于创建图表的数据所在的单元格区域,以选择不相邻的多个区域。

③在"插入"选项卡上的"图表"选项组中单击"推荐的图表"按钮,打开"插入图表"对话框。

④在"推荐的图表"选项卡中浏览 Excel 推荐的图表列表,单击查看预览效果。如果没有找到合适的类型,则可单击"所有图表"选项卡以查看所有可用的图表类型,如图 7 - 13 所示。

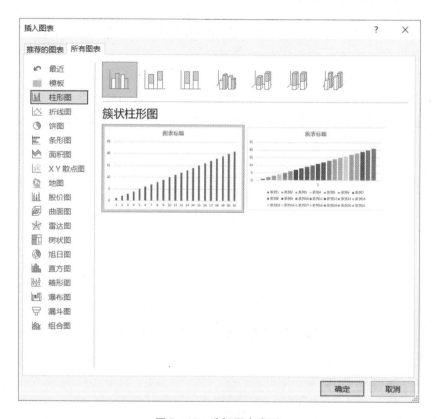

图 7 - 13　选择图表类型

⑤选择需要的图表,然后单击"确定"按钮,相应图表插入当前工作表中。提示:将鼠标光标停留在图表缩略图上,屏幕提示将显示该图表类型的名称。

⑥移动图表位置。默认情况下,图表是以可移动的对象方式嵌入到工作表中的,将光标指向空白的图表区,当光标变为十字状时,按下鼠标左键不放并拖动鼠标,即可移动图表的位置。

⑦改变图表大小。将鼠标指向图表外边框上四边或四角的尺寸控点上,当光标变为双

向箭头状时,拖动鼠标即可改变其大小。

⑧快速更改外观。选中图表,通过其右上角旁边的图表元素、图表样式和图表筛选器按钮对图表的元素、样式颜色、系列数据等内容进行设置或更改。

⑨若要获取更为详细的设计和格式设置,可通过"图表工具"的"设计"和"格式"选项卡进行设置。

7.4.2　移动图表到单独的工作表中

如果要将图表放在单独的图表工作表中,可以通过执行下列移动操作来更改其位置:

①在"图表工具|图表样式"选项卡上,单击"位置"选项组中的"移动图表"按钮,打开如图 7 - 14 所示的"移动图表"对话框。

②在"选择放置图表的位置"下指定图表位置,其中,单击"新工作表"选项,图表被移动到一张新创建的工作表中;单击"对象位于"选项,从下拉列表中选择一张现有的工作表,图表将作为对象移动到指定工作表中。

图 7 - 14　在"移动图表"对话框中确定图表的位置

③单击"确认"按钮,完成图表的移动。

7.4.3　修饰与编辑图表

创建基本图表后,可以根据需要通过下述两个途径进一步对图表进行修饰,使其更加美观,显示的信息更加丰富。

途径1:单击图表,图表区右上角将会出现一组按钮(如图 7 - 15 所示),可快速对图表元素、图表的样式及颜色、图表的数据系列进行设置。

途径2:单击图表,功能区中将会显示"图表工具"下的"设计"和"格式"选项卡,利用这两个选项卡可以对图表进行更加全面细致的修饰和更改。

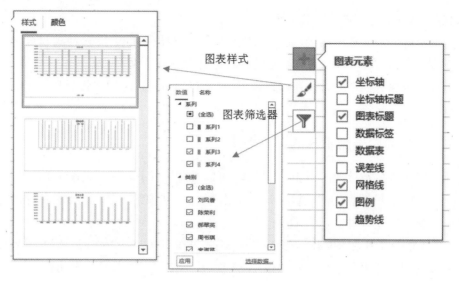

图 7 - 15　通过图表右上角的功能按钮快速布局图表

7.4.3.1　更改图表的布局和样式

创建图表后,可以为图表应用预定义布局和样式快速更改它的外观。Excel 提供了多种预定义布局和样式,必要时还可以手动更改各个图表元素的布局和格式。

1. 用预定义图表布局

①单击要使用预定义图表布局的图表中的任意位置。

②在"图表工具|设计"选项卡上的"图表布局"选项组中单击"快速布局"按钮。

③从如图 7 - 16 (a)所示的列表中选择要使用的预定义布局类型。

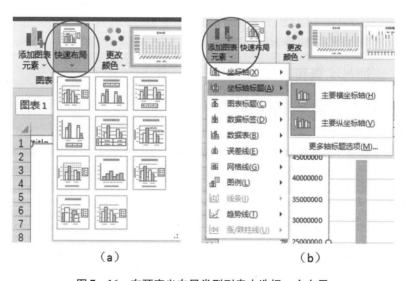

（a）　　　　　　　　　　　　　　　　　　（b）

图 7 - 16　在预定义布局类型列表中选择一个布局

④在"图表工具|设计"选项卡上的"图表布局"选项组中单击"添加图表元素"按钮,打开如图 7 - 16(b)所示的下拉列表,可自定义图表布局。

2. 应用预定义图表样式

①单击要使用预定义图表样式的图表中的任意位置。

②单击右上角的"图表样式"按钮,在"样式"列表中选择一个样式;或者在"图表工具|设计"选项卡上的"图表样式"选项组中单击要使用的图表样式。单击右下角的"其他"箭头,可查看更多的预定义图表样式。

③单击右上角的"图表样式"按钮,在"颜色"列表中选择一个配色方案;或者在"图表工具|设计"选项卡上的"图表样式"选项组中单击"更改颜色"按钮,从下拉列表中选择配色方案。

3. 定义图表元素的格式

①单击要更改其格式的图表元素。

②在如图7-17所示的"图表工具|格式"选项卡上,根据需要进行如表7-1所示式设置。

图7-17　"图表工具|格式"选项卡

表7-1　样式定义及规则说明

样式	规则说明
形状样式	在"形状样式"选项组中单击需要的样式,或者单击"形状填充""形状轮廓"或"形状效果",按照需要设置相应的格式。单击右侧的对话框启动器,打开相应的任务窗格,可进行详细设置
艺术字样式	如果选择的是文本或数值,可在"艺术字样式"选项组中选择相应艺术字样式。还可以单击"文本填充""文本轮廓"或"文本效果",然后按照需要设置相应效果。单击右侧的对话框启动器,打开相应的任务窗格,可进行详细设置
设置元素的全部格式	在"当前所选内容"选项组中单击"设置所选内容格式",将会打开与当前所选元素相适应的任务窗格,图7-18所示,在任务窗格中可进行详细的格式调整

(a)   (b)

图7-18 所选对象不同打开不同的任务窗格

7.4.3.2 更改图表类型

已创建的图表可以根据需要改变图表类型,必要时还可以单独改变其中某个数据系列的图表类型,以实现复杂的显示效果。但要注意,改变后得到图表类型应支持所基于的数据列表,否则 Excel 可能报错。

①选择要更改其类型的图表或者图表中的某一数据系列。

②在"图表工具|设计"选项卡上的"类型"选项组中单击"更改图表类型"按钮,打开"更改图标类型"对话框。

③选择新的图表类型后,单击"确定"按钮。

7.4.3.3 设置标题

为了使图表更易于理解,可以为图表添加图表标题、坐标轴标题,还可以将图表标题和坐标轴标题链接到数据表所在单元格中的相应文本。当对工作表中文本进行更改时,图表中链接的标题将会自动更新。

1. 设置图表标题

①单击要为其添加标题的图表中的任意位置。

②依次选择"图表工具|设计"选项卡→"图表布局"选项组→"添加图表元素"按钮→"图表标题"。

③从下拉列表中单击"图标上方"或"居中覆盖"命令,指定标题位置。

④在"图表标题"文本框中输入标题文字。

⑤设置标题格式。在图表标题上双击鼠标,打开"设置图表标题格式"任务窗格,按照需要对标题框及文本的大小、填充、边框、对齐方式等格式进行设置,还可以通过"开始"选

项卡上的"字体"选项组设置标题文本的字体、字号、颜色等。

2. 设置坐标轴标题

①单击要为其添加坐标轴标题的图表中的任意位置。

②依次选择"图表工具|设计"选项卡→"图表布局"选项组→"添加图表元素"按钮→
"坐标轴标题"。

③从下拉列表中按照需要设置是否显示横纵坐标轴标题,以及标题的显示方式。单击
其中的"更多轴标题选项"可打开"设置坐标轴标题格式"任务窗格。

④在"坐标轴标题"文本框中输入表明坐标轴含义的文本。

⑤在"设置坐标轴标题格式"任务窗格中按照需要设置标题框及文本的格式,方法与设
置图表标题相同。

3. 将标题链接到工作表单元格

①单击图表中要链接到工作表单元格的图表标题或坐标轴标题。

②在工作表上的编辑栏中单击鼠标,然后输入等号"="。

③选择工作表中包含链接文本的单元格。

④按回车键确认,此时更改数据表中的文本,图表中的标题将会同步变化。

7.4.3.4 添加数据标签

要快速标识图表中的数据系列,可以向图表的数据点添加数据标签。默认情况下,数
据标签链接到工作表中的数据值,在工作表中对这些值进行更改时图表中的数据标签会自
动更新。

①在图表中选择要添加数据标签的数据系列。其中单击图表区的空白位置,可向所有
数据系列的所有数据点添加数据标签。

②依次选择"图表工具|设计"选项卡→"图表布局"选项组→"添加图表元素"按钮→
"数据标签",从图 7 – 19 所示的下拉列表中选择相应的显示方式(其中可用的数据标签选
项因选用的图表类型不同而不同)。

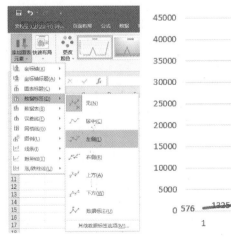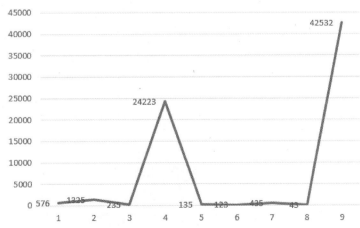

图 7 – 19 设置数据标签的显示位置在"左侧"

③单击最下方的"其他数据标签选项",打开"设置数据标签格式"任务窗格,可详细设置标签格式。

7.4.3.5 设置图例和坐标轴

根据需要重新设置图例的位置及坐标轴的格式,使图表的布局更加合理、美观。

1. 设置图例

创建图表时会自动显示图例,在图表创建完毕后可以隐藏图例或者更改图例的位置和格式。

①单击要进行图例设置的图表。

②依次选择"图表工具|设计"选项卡→"图表布局"选项组→"添加图表元素"按钮→"图例"命令,打开下拉列表。

③从中选择相应的命令,可改变图例的显示位置,其中选择"无"可隐藏图例。

④单击"更多图例选项",打开设置图例格式任务窗格,如图7–20所示,按照需要对图例的颜色、边框、位置等格式进行设置。

⑤单击选中图例,通过"开始"选项卡上的"字体"选项组可改变图例文字的字体、字号、颜色等。

⑥如需改变图例项的文本内容,应返回数据表中进行修改,图表中的图例将会随之自动更新。

2. 设置坐标轴

在创建图表时,一般会为大多数图表类型显示主要的横纵坐标轴。当创建某些三维图表时则会显示表示深度的竖坐标轴,可以根据需要对坐标轴的格式进行设置,调整坐标轴刻度间隔,更改坐标轴上的标签等。

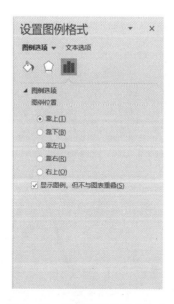

图7–20 设置图例位置及格式

①单击要设置坐标轴的图表。

②依次选择"图表工具|设计"选项卡→"图表布局"选项组→"添加图表元素"按钮→"坐标轴",打开下拉列表。

③根据需要分别设置是否显示横、纵坐标轴,以及坐标轴的显示方式。

④若要指定详细的坐标轴显示和刻度选项,单击"更多轴选项"命令打开"设置坐标轴格式"任务窗格。

⑤在该任务窗格中可以对坐标轴上的刻度类型及间隔、标签位置及间隔、坐标轴的颜色及粗细等格式进行详细的设置。

3. 显示或隐藏网格线

为了使图表更易于理解,可以在图表的绘图区显示或隐藏从任何横坐标轴和纵坐标轴延伸出的水平和垂直网格线。

①单击要显示或隐藏网格线的图表。

②依次选择"图表工具|设计"选项卡→"图表布局"选项组→"添加图表元素"按钮→"网格线"命令,打开下拉列表。

③从中设置是否显示横纵网格线,以及是否显示次要网格线。

④单击"更多网格线选项"命令,打开相应的任务窗格,对指定网格线的线型、颜色等进行设置。

7.4.4　打印图表

位于工作簿中的图表将会在保存工作簿时一起保存在工作簿文档中。图表可以随数据源进行打印,也可对图表进行单独的打印设置。

7.4.4.1　整页打印图表

当图表放置于单独的工作表中时,直接打印该工作表即可单独打印图表到一页纸上。

当图表以嵌入方式与数据列表位于同一张工作表上时,首先单击选中该图表,然后通过"文件"选项卡上的"打印"命令进行打印,即可只将选定的图表输出到一页纸上。

7.4.4.2　作为数据表的一部分打印

当图表以嵌入方式与数据列表位于同一张工作表上时,首先选择这张工作表,保证不要单独选中图表,此时通过"文件"选项卡上的"打印"命令进行打印,即可将图表作为工作表的一部分与数据列表一起打印在一张纸上。

7.4.4.3　不打印工作表中的图表

首先只将需要打印的数据区域(不包括图表)设定为打印区域,再通过"文件"选项卡上的"打印"命令选择打印活动工作表,即可不打印工作表中的图表。

另外,在"文件"选项卡上单击"选项",打开"Excel 选项"对话框,单击"高级",在"此工作簿的显示选项"区域的"对于对象,显示"下,单击选中"无内容(隐藏对象)"则嵌入到工作表中的图表将会被隐藏起来。此时通过"文件"选项卡上的"打印"命令进行打印,也不会打印嵌入的图表,如图 7-21 所示。

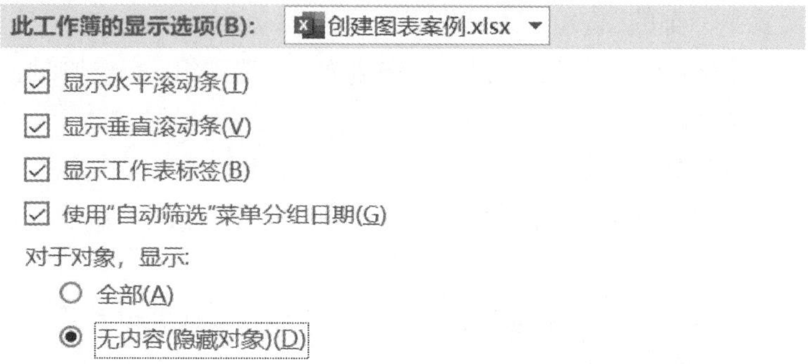

此工作簿的显示选项(B):
创建图表案例.xlsx
显示水平滚动条(T)
显示垂直滚动条(V)
显示工作表标签(B)
使用"自动筛选"菜单分组日期(G)
对于对象，显示:
全部(A)
无内容(隐藏对象)(D)

图 7－21 “Excel 选项”对话框中设置隐藏对象后将不打印图表

7.5 综 合 案 例

7.5.1 案例描述

如图 7－22 所示，为 3 班四学期总成绩统计表，要求利用可视化技术实现以下要求：

①利用迷你图为每位学生生成四个学期总成绩的变化趋势。如图 7－22 所示，采用折线图来表达趋势，其线条设为 1.5 磅，高点设定为绿色，低点设定为红色。

②为张三同学创建成绩统计情况，采用立体饼图，放置在数据表下方。立体饼图采用“图表样式”的“样式 8”，并进行具体的修饰，如图 7－22 所示。

3班四学期总成绩统计

	第一学期	第二学期	第三学期	第四学期
张三	179.28	314.66	282.95	418.32
李四	268.92	247.41	301.19	258.17
王五	143.43	199.20	223.11	231.07
赵六	192.43	238.25	256.57	229.08
合计	784.06	999.52	1,063.82	1,136.65

张三成绩统计情况
15.00%
35.00%
26.33%
23.67%
第一学期
第二学期
第三学期
第四学期

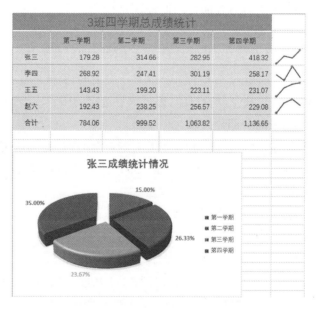

图 7－22 迷你图和立体饼状图图示

③为所有同学成绩情况创建一个簇状柱形和折线复合图，放在一个独立工作表中，并

将各学期合计数据设为折线图显示,进行具体的修饰,如图7-23所示。

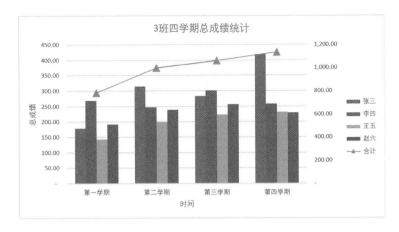

图7-23　每位学生各学期簇状柱形和折线复合图

7.5.2　流程设计

具体操作流程如图7-24所示。

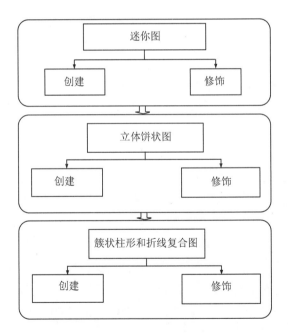

图7-24　操作流程图

7.5.3　具体操作

7.5.3.1　迷你图

①打开案例文档"可视化.xlsx"作为工作表"素材"。

②单击 F4 单元格,从"插入"选项卡上的"迷你图"选项组中单击"折线图",数据范围指定为单元格区域为该行四学期的成绩 B4:E4,单击"确定"按钮。

③向下拖动 F4 单元格的填充柄到 F7 单元格,对下面数据进行填充。

④突出显示最大和最小值。单击单元格 F4,在"迷你图工具|设计"选项卡上的"显示"选项组中选中"高点"和"低点"两个值,通过"迷你图工具|设计"选项卡上"样式"选项组中的"迷你图颜色"和"标记颜色"将折线图的线条设为 1.5 磅,高点设定为绿色,低点设定为红色。

7.5.3.2　立体饼状图

①打开案例文档"可视化.xlsx"作为工作表"素材"。

②选中标题及张三的数据,即单元格区域 A3:E4,依次选择"插入"选项卡→"图表"选项组→"插入饼图或圆环图"按钮→"三维饼图"。

③将三维饼图拖动到数据表的下方。

④从"图表工具|设计"选项卡上的"图表样式"选项组中选择"样式 8"。

⑤将图表标题更改为"张三成绩统计情况"。

⑥依次选择"图表工具|设计"选项卡→"图表布局"选项组→"添加图表元素"按钮→"数据标签"→"其他数据标签选项"命令,在"标签选项"下设置只包含"百分比"、标签位置"数据标签外",在"数字"下设置数字格式为保留两位小数的"百分比"格式。

⑦单击图表右上角的"图表元素"按钮,从列表中单击选中"图例"。

⑧点击饼图,从右键菜单中选择"设置数据系列格式",将"饼图分离"值设为 10%。单击仅选中右上角的紫色的第 4 季度数据点,将其用鼠标向外拖动一些。

7.5.3.3　簇状柱形和折线复合图

①打开案例文档"可视化.xlsx"作为工作表"素材"。

②选择单元格区域 A3:E8。依次选择"插入"选项卡→"图表"选项组→"所有的图表"→"组合图"→"簇状柱形和折线复合图"。

③移动图表到独立的工作表中。

④依次选择"图表工具|设计"选项卡→"图表布局"选项组→"快速布局"→"布局 9",该布局将会在基本图表中增加坐标轴标题元素。

⑤将图表标题链接到数据表"素材"的 A1 单元格并进行格式化,即在公式中输入"=素材!$A$1"并按回车。将纵坐标轴标题改为"总成",横坐标轴标题改为"时间"。

⑥选中代表数据系列"合计"的折线图,依次选择"图表工具|设计"选项卡→"类型"选项组→"更改图表类型"按钮,将"合计"系列的图表选为"带数据标记的折线图",并同时选中右侧的"次坐标轴"复选框,如图 7-25 所示。

⑦在"合计"系列的折线图上单击鼠标右键,从快捷菜单中选择"设置数据系列格式"命令,在任务窗格中单击"填充与线条"图标,单击"线条"和"标记",分别设置其选项,如图 7-26所示。

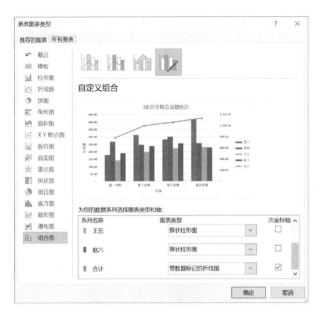

图7-25　"更改图表类型"对话框

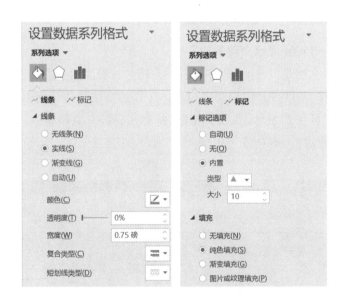

图7-26　设置数据系统格式

第8章 PowerPoint 静态效果设置

**PowerPoint
静态效果设置**

本章介绍 PowerPoint 静态效果设置,包括演示文稿的创建、修改、母版设计等。通过本章的学习,读者不仅加深理解 PowerPoint 演示文稿能够调动多种手段来搭建丰富的演示文稿内容,而且能够善于利用 PowerPoint 工具,先进行整体的规划,形成完整的大纲,再构思幻灯片具体的内容,完成演示文稿的静态效果设置工作。

8.1 概念及意义

8.1.1 PowerPoint 静态效果设置的定义

8.1.1.1 PowerPoint 演示文稿的定义

PowerPoint 演示文稿是以.pptx 为扩展名的文档。一份演示文稿由若干张幻灯片组成。启动 PowerPoint 软件,即可打开应用程序窗口。工作窗口由快速访问工具栏、标题栏、功能区、视图区、编辑区、任务窗格区、备注窗格区、状态栏、视图/窗格切换区、显示缩放区等部分组成,如图 8-1 所示。

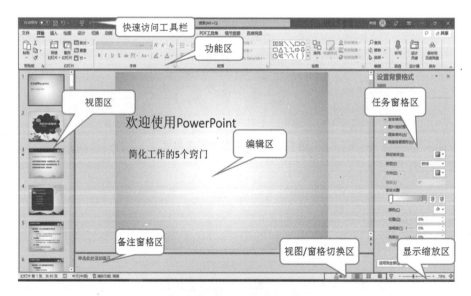

图 8-1 幻灯片组成部分

①功能区。由"文件"菜单、选项卡及相应的分组功能命令组成。

②视图区。通过普通视图、大纲视图、幻灯片浏览、备注页、阅读视图等模式的切换,可以显示不同视图布局。

③编辑区。显示当前幻灯片的内容,包括文本、图片、表格、音视频等对象,在该区域中可对幻灯片的内容进行编辑。

④任务窗格区。默认为隐藏状态,但根据需要可以显示设置背景格式、设置图片格式、设置形状格式、设置视频格式等。

⑤备注窗格:用于编辑对应幻灯片的备注性文本信息。

⑥视图/窗格切换区:由一组与视图切换和窗格显示相关的快捷按钮组成,包括"备注""批注""普通视图""幻灯片浏览""阅读视图"和"幻灯片放映"6个按钮。

8.1.1.2　PowerPoint 静态效果设置的定义

PowerPoint 静态效果设置主要是幻灯片的版式设置、主题和背景的设置、SmartArt 图的设置等,这些都是静态的展现方式。

8.1.2　PowerPoint 演示文稿的意义

PowerPoint 演示文稿并不能直接带来经济效益,但一个优秀的演示文稿能使观看者对演示的产品或者服务产生高度的认同感;特别在某些重要场合,如招商引资、项目申报、产品发布、上市路演等,演示文稿能否打动对方往往决定了企业的前途命运。通过 PowerPoint 静态效果设置,可以帮助设计者方便、快捷地设计出美观、大方的演示文稿。

8.2　主 要 内 容

8.2.1　认识幻灯片的基础操作

幻灯片的基础操作主要包括如下内容:

①创建演示文稿。共有三种创建方式,即"新建空白演示文稿""依据主题和模板创建"和"从 Word 文档中发送"。

②调整幻灯片大小和方向。默认情况下,幻灯片的大小为"宽屏(16:9)"格式,幻灯片版式设置为横向方向,可以根据实际需要更改其大小和方向。

③幻灯片的编辑。幻灯片的编辑主要包括幻灯片的选择、幻灯片的插入,以及幻灯片的删除和移动等。

④幻灯片添加页眉和页脚。通过"页眉和页脚"对话框,可以为指定幻灯片添加顺序编号、添加日期和时间等。

⑤按节组织幻灯片。为了更方便地组织和管理大型演示文稿,以利于快速导航和定位,使用"节"功能可以将原来线性排列的幻灯片划分成若干段,每一段为一"节",每个节可拥有不同的主题等。

⑥切换视图操作。一般情况下默认视图为普通视图,可以根据需要切换到其他视图,也可更改默认视图。

8.2.2 认识幻灯片主题与背景

8.2.2.1 认识幻灯片主题

主题是一组格式,包含颜色、字体和效果的组合。主题可以作为一套独立的选择方案应用于文档中,使得演示文稿具有统一的样式风格。应用主题可以简化演示文稿的创建过程,快速达到专业水准,可以增强演示文稿的感染力。PowerPoint 提供了一些内置主题方案,如图 8-2 所示,还可以自己设计主题,并通过"浏览主题"选项,选择自己定义好的主题。

图 8-2 内置"主题"列表

8.2.2.2 认识幻灯片背景

幻灯片背景通常是预设的背景格式,与内置主题一起提供,必要时可以对背景样式重新设置,创建符合演示文稿内容要求的背景填充样式。如图 8-3 所示,为设置背景格式的案例。

8.2.3 认识幻灯片版式

演示文稿通常应具有统一的外观和风格,通过设计、制作和应用幻灯片版式可以快速实现这一目标。有些情况下,可以将 PowerPoint 内置版式应用到幻灯片中,但大部分情况下,需自定义版式,制作符合个人需求的幻灯片版式。如果自定义版式,需要打开幻灯片母版进行编辑和设计。

图8-3 设置背景格式案例

8.2.3.1 认识幻灯片母版

一个演示文稿至少应包含一个幻灯片母版,每个母版可以定义一系列的版式。如图8-4所示。幻灯片母版是幻灯片层次结构中的顶层幻灯片,用于存储有关演示文稿的主题和幻灯片版式的信息,包括背景、颜色、字体、效果、占位符(包括类型、大小和位置)。

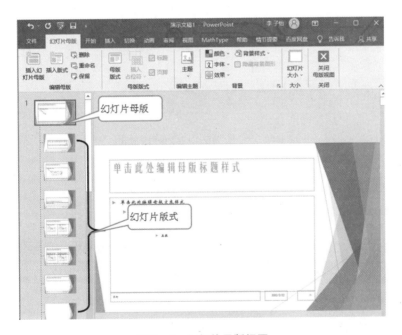

图8-4 幻灯片母版视图

通过幻灯片母版进行修改和更新的最主要优点是可以对演示文稿中的每张幻灯片进行统一的格式和元素的更改。如果一份演示文稿非常长,其中包含大量幻灯片,使用幻灯片母版制作演示文稿将会非常方便。一般会在制作各张幻灯片之前先创建幻灯片母版,如果在构建了各张幻灯片之后再创建幻灯片母版,那幻灯片上的某些项目可能会不符合幻灯片母版的设计风格。同时,一份演示文稿中可以包含多个幻灯片母版。

8.2.3.2 认识幻灯片版式的设置

1. 应用版式

PowerPoint 为用户提供了 11 种内置的标准幻灯片版式,如图 8－5 所示。制作幻灯片时,可以为幻灯片应用这些版式。在为幻灯片应用版式时,可以使用内置版式,也可以使用自己已经定义好的版式,如图 8－6 所示。

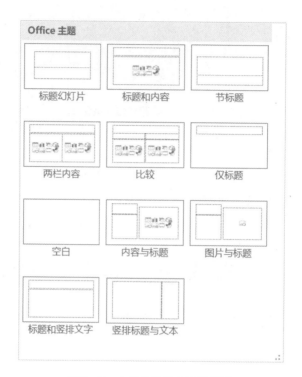

图 8－5　内置的标准幻灯片版式

图 8－6　自定义版式和内置版式

2. 自定义版式

当发现没有可以应用的版式时,就需要利用幻灯片母版来自定义版式。如图 8－7 所示,利用幻灯片母版可以创建个性化版式,主要包括内容的格式设置、位置和占位符等。占位符是版式中的容器,可容纳文本(包括正文文本、项目符号列表和标题)、表格、图表、SmartArt 图形、视频、音频、图片及剪贴画等各类元素。利用占位符,可以帮助制作者快速地添加各类元素和内容。同时,版式也包含了幻灯片的主题、背景、页眉页脚等。

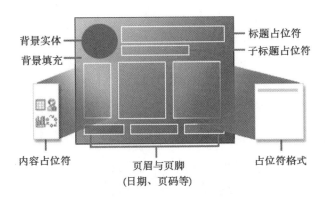

图 8 - 7　幻灯片版式包含元素

8.2.4　认识 SmartArt 图形

SmartArt 图形是将文本框、形状、图片、线条等对象元素巧妙组合在一起,用于图形化示意的一种矢量图形。利用 SmartArt 图形可以快速在幻灯片中插入各类格式化的结构化示意图。PowerPoint 提供的 SmartArt 图形类型有列表、流程、循环、层次结构、关系、矩阵、棱锥图、图片等,其中"图片"类型里包含其他类型里带图片的图形和一些特有图形。

8.3　幻灯片的基础操作

8.3.1　创建演示文稿

8.3.1.1　通过"新建"命令创建

通过"新建"命令创建演示文稿会有两种情形,一个是新建空白演示文稿,一个是依据主题和模板创建,如图 8 - 8 所示。

①新建空白演示文稿。可以创建一个没有任何设计方案和示例文本的空白演示文稿。具体操作为:单击"文件"菜单上的"新建"选项卡,在"可用的模板和主题"下,单击"空白演示文稿"。

②依据主题和模板创建。主题是事先设计好的一组演示文稿的样式框架,定义了演示文稿的外观样式,包括配色、文字格式等。模板是预先设计好的演示文稿样本,通常有明确用途。具体操作为:单击"文件"选项卡上的"新建"命令,在"新建"窗口中,将鼠标移动到想要选择的主题或模板上,如"环保",单击左键或单击右键菜单中"预览"命令,如图 8 - 9 所示,在弹出的该主题("环保")的预览对话框中,右侧将显示该主题变体样式的缩略图列表,单击选择其中一种变体样式,左侧将显示该变体的预览效果,单击下方"创建"按钮,即可创

建该主题的新演示文稿。

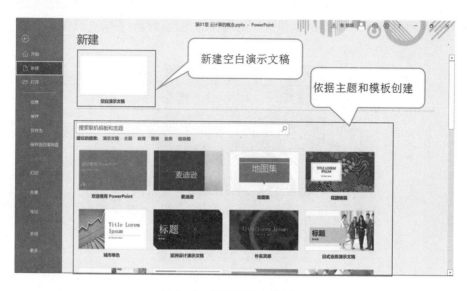

图8-8　新建演示文稿界面

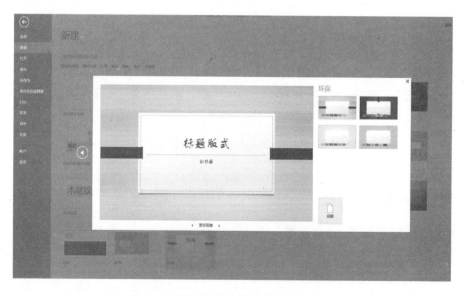

图8-9　基于主题和模板创建演示文稿

8.3.1.2　利用本地模板文件创建

在操作系统的资源管理器或文件浏览器中,双击扩展名为".potx"的PowerPoint模板文件,系统会自动创建一个默认命名为"演示文稿1"的演示文稿,并复制了该模板文件中的所有内容。

8.3.1.3　从Word文档中发送

如果已经通过Word编辑完成了相关文档,可以将其大纲发送到PowerPoint中快速形成新的演示文稿。

①在 Word 中创建文档,并将需要传送到 PowerPoint 的段落分别应用内置样式的标题1、标题2、标题3 等,其分别对应 PowerPoint 幻灯片中的标题、一级文本、二级文本、三级文本等。

②依次选择"文件"菜单→"选项"→"快速访问工具栏"→"不在功能区中的命令"→"发送到 Microsoft PowerPoint"命令→"添加"按钮,相应命令显示在"快速访问工具栏"中。

③单击"快速访问工具栏"中新增加的"发送到 Microsoft PowerPoint"按钮,即可将应用了内置样式的 Word 文本自动发送到新创建的 PowerPoint 演示文稿中。

8.3.2　调整幻灯片大小和方向

设置幻灯片大小的具体方法如下:

①打开演示文稿,在"设计"选项卡上的"自定义"选项组中单击"幻灯片大小"按钮,在弹出的下拉列表中单击"自定义幻灯片大小"命令,打开"幻灯片大小"对话框。

②从"幻灯片大小"下拉列表中选择某一类型,如图 8 – 10 所示。也可以直接通过在"宽度""高度"文本框中输入相应数值进行自定义。

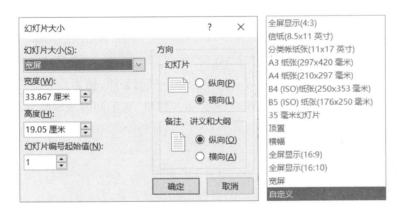

图 8 – 10　设置幻灯片大小

若要将演示文稿中的所有幻灯片调整为纵向显示或横向显示,则可在图 8 – 10 中将"方向"设置为"纵向"或"横向"即可。

通常一份演示文稿中幻灯片只能有一种方向(横向或纵向),但可以通过链接两份方向不同的演示文稿,达到一份演示文稿同时显示纵向和横向幻灯片的效果。链接两个演示文稿的操作如下:

①创建两个演示文稿,将它们的幻灯片方向分别设为横向和纵向,建议将这两个文档放置在同一个文件夹下。

②在第一个演示文稿中,选择一个需要通过"单击鼠标"或"限标悬停"的方式链接到第二个演示文稿的文本或对象。

③在"插入"选项卡上的"链接"选项组中单击"动作"按钮,打开"操作设置"对话框。

④在"单击鼠标"或"鼠标悬停"选项卡中,单击选中"超链接到"单选项,然后从下拉列

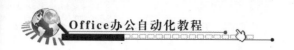

表中选择"其他 PowerPoint 演示文稿"命令,打开"超链接到其他 PowerPoint 演示文稿"对话框,如图 8 –11 所示。

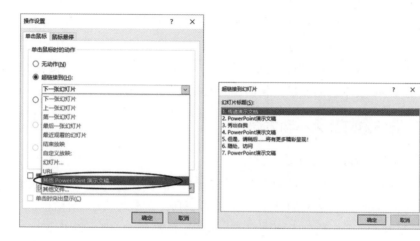

图 8 –11　链接两份演示文稿

　　⑤找到并选择第二个演示文稿,然后单击"确定"按钮,打开"超链接到幻灯片"对话框。
　　⑥在该对话框的"幻灯片标题"列表中,单击要链接到的幻灯片,然后单击"确定"按钮。
　　⑦继续在"操作设置"对话框中单击"确定"按钮。
　　⑧放映第一个演示文稿,当出现含有链接的文字或对象时,依据设置的链接方式,单击或鼠标移动至该对象,即可进入另一个演示文稿的放映,实现同时放映包含两个不同方向幻灯片的效果。

8.3.3　幻灯片的编辑

幻灯片的编辑工作主要包括幻灯片的选择、插入、删除和移动等操作。

8.3.3.1　选择幻灯片

可采用下述方法选定单张或多张幻灯片:

（1）在视图区,单击某张幻灯片缩略图即可选中该幻灯片,编辑区中显示该幻灯片。

（2）在视图区,单击选中首张幻灯片缩略图,按下 Shift 键,再单击末张幻灯片缩略图,可选中连续多张幻灯片。

（3）在视图区,单击选中某张幻灯片缩略图,按下 Ctrl 键,再单击其他幻灯片缩略图,可选中不连续的多张幻灯片,编辑区中显示最后选中的那张幻灯片。

8.3.3.2　插入幻灯片

1. 新建幻灯片

在视图区,单击选中某张幻灯片缩略图或者在两张幻灯片的中间位置单击,在"开始"选项卡上的"幻灯片"选项组或者"插入"选项卡上的"幻灯片"选项组中,单击"新建幻灯片"按钮,除当前幻灯片为"标题幻灯片"会插入版式为"标题和内容"的新幻灯片外,系统将插入一张与选中幻灯片中序号最大幻灯片相同版式的新幻灯片。如果单击"新建幻灯片"按钮旁边的黑色三角箭头,则可通过指定版式来新建幻灯片,如图8-12(a)所示。

方法2:在视图区,右键单击某张幻灯片缩略图或者在两张幻灯片中间的位置右击,在弹出的快捷菜单中选择"新建幻灯片"命令,如图8-12(b)所示。

（a）通过选项卡命令　　　　　　　　　　（b）通过右键菜单

图8-12　新建幻灯片

2. 复制幻灯片

在"开始"选项卡上的"剪贴板"选项组中单击"复制"按钮旁边的黑色三角箭头,从打开的下拉列表中选择第二个"复制(I)"命令,如图8-13所示。

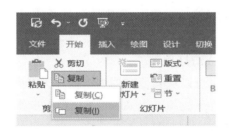

图8-13　复制当前幻灯片

3. 重用幻灯片

如果需要从其他演示文稿中借用现成的幻灯片,可以通过"复制/粘贴"功能在不同的文档间传递数据,也可以通过下述的重用幻灯片功能方便地引用其他演示文稿内容。

①打开演示文稿,在"开始"选项卡上的"幻灯片"选项组中单击"新建幻灯片"按钮旁边的黑色三角箭头,从下拉列表中选择"重用幻灯片"命令,窗口右侧的任务窗格区中会出现"重用幻灯片"窗格。

②在"重用幻灯片"窗格中单击"浏览"按钮,从下拉列表中选择幻灯片来源,选择"浏览文件"命令。

③选择要打开的 PowerPoint 文件,在重用幻灯片窗格中,左键单击某张幻灯片缩略图,

即可在插入位置创建该张幻灯片的副本,如图8-14所示。

图8-14　宠用幻灯片窗格

④如果在"重用幻灯片"窗格的底部勾选了"保留源格式",重用操作会将重用的幻灯片的所有主题样式带到被插入的演示文稿中,否则该幻灯片的内容将使用被插入演示文稿的主题样式。

4. 从文档大纲中导入生成幻灯片

在打开的演示文稿中,也可以从其他文档中依据其大纲内容导入生成幻灯片,支持导入的文档类型有".txt、.rtf、.doc、.docx、.docm"等。操作步骤如下:

①在视图区中,定位要插入的位置。

②在"开始"选项卡上的"幻灯片"选项组或者"插入"选项卡上的"幻灯片"选项组中,单击"新建幻灯片"按钮旁边的黑色三角箭头,在下拉菜单中选择"幻灯片(从大纲)..."命令。

③在弹出的"插入大纲"对话框中,选定要导入的文档文件后单击右下角的"插入"按钮,系统将指定文档文件中的内容按照大纲或者段落的划分,生成若干张幻灯片插入演示文稿中,如图8-15所示。

8.3.3.3　删除和移动幻灯片

1. 删除幻灯片

在普通视图、大纲视图、幻灯片浏览视图下,选中一张或多张幻灯片,在选中的幻灯片缩略图或图标上单击右键,在弹出的快捷菜单中选择"删除幻灯片"命令,或者直接按 Delete 键,可将选中的幻灯片从演示文稿中删除。

图 8 - 15　从文档中导入生成幻灯片

2. 移动幻灯片

方法 1:普通视图或者大纲视图下,在缩略图窗格中选中要移动的幻灯片缩略图(可多张),按住鼠标左键拖动幻灯片到目标位置即可。

方法 2:在幻灯片浏览视图下,选中要移动的幻灯片(可多张),按住鼠标左键拖动该幻灯片即可。

方法 3:在大纲视图下,选中某张幻灯片大纲前的矩形图标,按住鼠标左键拖动幻灯片到目标位置即可。

8.3.4　幻灯片添加页眉和页脚

8.3.4.1　添加幻灯片编号

①选中要设置编号的幻灯片(可多张)。

②在"插入"选项卡上的"文本"选项组中单击"页眉和页脚",打开"页眉和页脚"对话框。

③在"页眉和页脚"对话框的"幻灯片"选项卡中,勾选"幻灯片编号"复选框。

④如果仅对选中的幻灯片设置编号,可单击"应用"按钮;如果要为演示文稿的所有幻灯片设置编号,则单击"全部应用"按钮;如果不希望标题幻灯片中出现编号,则应同时勾选"标题幻灯片中不显示"复选框,如图 8 - 16 所示。

8.3.4.2　更改幻灯片起始编号

若要更改起始编号,可按下列方法设置:

图 8 – 16　添加幻灯片编号

①在"设计"选项卡上的"自定义"选项组中单击"幻灯片大小"按钮,在下拉列表中单击"自定义幻灯片大小"命令,打开"幻灯片大小"对话框。

②在"幻灯片编号起始值"文本框中,输入新的起始编号(≥0),单击"确定"按钮。

8.3.4.3　添加日期和时间

①选中要添加日期和时间的幻灯片(可多张)。

②在"插入"选项卡上的"文本"选项组中单击"页眉和页脚"或者"日期和时间"按钮,打开"页眉和页脚对话框"。

③在"页眉和页脚"对话框的"幻灯片"选项卡中,勾选"日期和时间"复选框,然后选择下列操作之一:

点击"自动更新"单选项,选择适当的语言和日期格式,如图 8 – 17 所示。这种设置方法,每次打开、打印或放映演示文稿时显示的是当前的日期和时间;

单击"固定"单选项,在其下的文本框中输入期望的日期和时间,将会显示固定不变的日期和时间,以便轻松地记录和跟踪最后一次添加的时间。

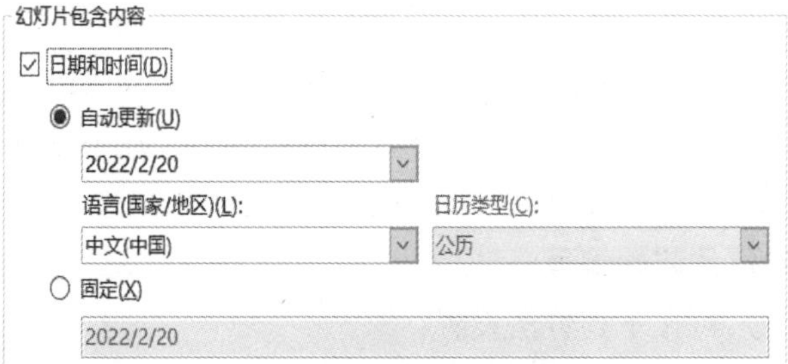

图 8 – 17　添加日期和时间

8.3.5 按节组织幻灯片

8.3.5.1 新增节

①在视图区中,选中一张幻灯片缩略图。

②单击右键弹出快捷菜单,或者在"开始"选项卡上的"幻灯片"选项组中单击"节"按钮,弹出下拉菜单,单击"新增节"命令,将在第一张选中幻灯片的前面插入一个默认命名为"无标题节"的节导航条,如图8-18所示。

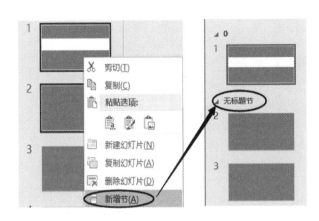

图 8-18 新增一个节

8.3.5.2 重命名节

①在节导航条上单击右键,弹出快捷菜单,或者在"开始"选项卡上的"幻灯片"选项组中单击"节"按钮,弹出下拉菜单,单击"重命名节"命令,打开"重命名节"对话框。

②在"节名称"下的文本框中输入新的名称,然后单击"重命名"按钮,完成节的重命名。

8.3.5.3 对节进行操作

①移动节。右键单击要移动节的导航条,从弹出的快捷菜单中选择"向上移动节"或"向下移动节"命令;或者左键按住要移动节的导航条,拖动该节导航条,此时在缩略图窗格中所有节都会折叠起来,然后将该节释放到要移动的位置。

②删除节。右键单击要删除节的导航条,从弹出的快捷菜单中单击"删除节"命令,此时仅删除了节,而原节包含的幻灯片还保留在演示文稿中,并归并到上一节中。

③删除节及其包含的所有幻灯片。单击选中节,按 Delete 键即可删除当前节及节中幻灯片;或者右键单击要删除节的导航条,从弹出的快捷菜单中单击"删除节和幻灯片"命令。

8.3.6 切换视图方式

8.3.6.1 切换视图

可以通过两种途径在不同的视图间进行切换:

①通过"视图"选项卡上的"演示文稿视图"选项组和"母版视图"选项组。

②通过状态栏中的"视图/窗格切换区"提供的普通视图、幻灯片浏览视图、阅读视图和

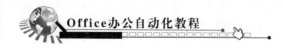

幻灯片放映视图4个切换按钮进行选择。

8.3.6.2 更改默认视图

可以设置幻灯片浏览视图、幻灯片放映视图、备注页视图及普通视图的各种变体为默认视图。指定默认视图的操作方法：

①在"文件"菜单中单击"选项"命令，打开"PowerPoint 选项"对话框。

②在左侧窗格中单击"高级"命令，然后在对话框右侧显示面板的"显示"选项组中，展开"用此视图打开全部文档"下拉列表，选择新的默认视图，如图 8-19 所示，最后单击"确定"按钮。

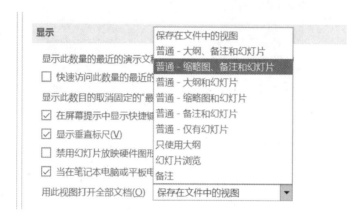

图 8-19 "用此视图打开全部文档"下拉列表

8.4 设置幻灯片主题与背景

8.4.1 设置主题

8.4.1.1 应用内置主题

PowerPoint 提供的内置主题可供用户在制作演示文稿时使用。同一主题可以应用于整个演示文稿、演示文稿中的某一节，也可以应用于指定的幻灯片。其基本步骤如下：

①选中幻灯片，可以选中一张、多张、一节或所有幻灯片。

②在"设计"选项卡上的"主题"选项组中选择一种主题，当鼠标移动到主题列表中的某一个主题时，在编辑区的幻灯片上可预览效果，单击主题则为幻灯片应用该主题。利用主题列表下方的"浏览主题"命令，打开"选择主题或主题文档"对话框，可以使用已有的外来主题。

③利用"变体"选项组中的功能，可实现预置配色方案，即颜色、字体、效果、背景样式的细化设置和自定义主题方案。

8.4.1.2 自定义主题

如果觉得 PowerPoint 提供的现成主题不能够满足设计需求，可以通过自定义方式修改主题的颜色、字体、效果和背景,形成自定义主题。

1. 自定义主题颜色

①首先对幻灯片应用某一内置主题。

②在"设计"选项卡上的"变体"选项组中展开变体下拉列表,鼠标移动到"颜色"项上,自动弹出颜色库列表,如图8-20(a)所示。

③任意选择一款内置颜色组合,则幻灯片的标题文字颜色、背景填充颜色、文字的颜色也随之改变。

④单击"自定义颜色"命令,打开"新建主题颜色"对话框,如图8-20(b)所示。

⑤在该对话框中可以改变文字、背景、超链接的颜色;在"名称"文本框中可以为自定义主题颜色命名,单击"保存"按钮完成设置,自定义颜色组合将会显示在颜色库列表中内置组合的上方以供选用。

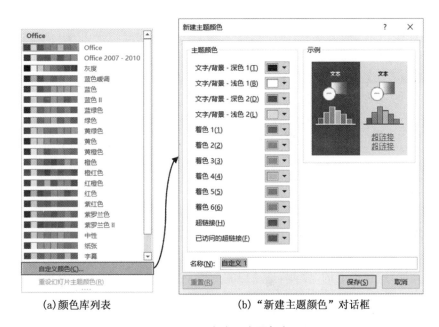

(a)颜色库列表　　　(b)"新建主题颜色"对话框

图8-20　自定义主题颜色

2. 自定义主题字体

自定义主题字体主要是定义幻灯片中的标题字体和正文字体。方法如下:

①对已应用了某一主题的幻灯片,在"设计"选项卡上的"变体"选项组中展开变体下拉列表,鼠标移动到"字体"项上,自动弹出字体库下拉列表,如图8-21(a)所示。

②任意选择一款内置字体组合,幻灯片的标题文字和正文文字的字体随之改变。

③单击"自定义字体"命令,打开"新建主题字体"对话框,如图8-21(b)所示。

④在该对话框中可以设置标题和正文的中西文字体;在"名称"文本框中可以为自定义主题字体命名。之后单击"保存"按钮,演示文稿中标题字体和正文字体将会按新方案进行设置。自定义主题字体将会列示在字体库列表的内置字体的上方以供使用。

另外,还可以在"设计"选项卡上的"变体"选项组的变体下拉列表中,利用"效果"项展

开主题效果库。主题效果可应用于图表、SmartArt 图形、形状、图片、表格、艺术字等对象,通过使用主题效果库,可以替换不同的效果集以快速更改这些对象的外观。

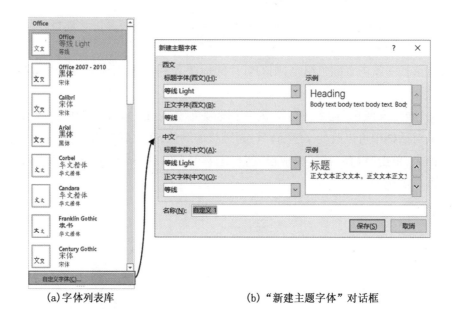

(a)字体列表库　　　　　　　　(b)"新建主题字体"对话框

图 8 – 21　自定义主题字体

8.4.2　设置背景

8.4.2.1　改变背景样式

PowerPoint 为每个主题提供了 12 种背景样式以供选用,既可以改变演示文稿所有幻灯片的背景,也可以只改变指定幻灯片的背景。

①在"设计"选项卡上的"变体"选项组的变体下拉列表中,单击"背景样式"项,弹出背景样式库列表。

②选择一款合适的背景样式应用于演示文稿或所选幻灯片。

8.4.2.2　自定义背景格式

①选中需要自定义背景的幻灯片。

②在"设计"选项卡上的"变体"选项组的变体下拉列表中,选择"背景样式"项,打开背景样式库列表,如图 8 – 22(a)所示。

③选择其中的"设置背景格式"命令,或在"设计"选项卡上的"自定义"选项组中单击"设置背景格式"按钮,打开"设置背景格式"窗格,如图 8 – 22(b)所示。

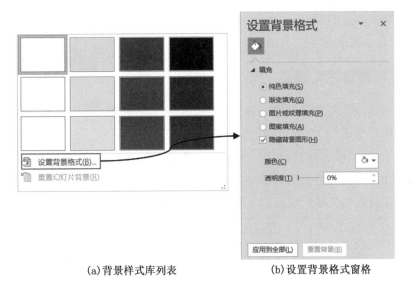

(a)背景样式库列表　　　　　(b)设置背景格式窗格

图 8 - 22　设置幻灯片背景

④在该窗格中设置背景格式。可应用于幻灯片背景的填充方式包含单一颜色填充、多种颜色渐变填充图片或纹理图案填充等。

⑤设置完毕后,单击"关闭"按钮,所设效果将应用于所选幻灯片;单击"全部应用"按钮,则所设效果将应用于所有幻灯片。

8.5　幻灯片版式的操作

8.5.1　应用幻灯片版式

在 PowerPoint 中新建空演示文稿时,第一张幻灯片应用的默认版式为"标题幻灯片",PowerPoint 默认情况下提供了多种内置的幻灯片版式,主要包括:

①标题幻灯片。该版式一般用于演示文稿的主标题幻灯片。

②标题和内容。该版式可以适用于除标题外的所有幻灯片内容。其中"内容"占位符可以输入文本,也可以插入图片、表格等各类对象。

③节标题。如果通过分节来组织幻灯片,那么该版式可应用于每节的标题幻灯片中。

④空白。该幻灯片中没有任何占位符,可以添加任意内容,如插入文本框、艺术字、剪贴画等。

应用幻灯片版式的方法如下:

①选中需要应用版式的幻灯片。

②在"开始"选项卡上的"幻灯片"选项组中单击"版式"按钮;或者点击右键,在弹出的快捷菜单中将鼠标移动到"版式"子菜单上,也可弹出版式对话框。

③点击需要应用的版式,即可完成版式的调整应用。

确定了幻灯片的版式后,即可在相应的占位符中添加或插入文本、图片、表格、图形、图表、媒体剪辑等内容。如果 PowerPoint 提供的内置版式无法满足组织演示文稿的需求,就需要利用幻灯片母版来创建自定义版式。

8.5.2 创建自定义版式

创建自定义版式,需先将工作窗口切换为幻灯片母版视图。在"视图"选项卡上的"母版视图"选项组中单击"幻灯片母版"按钮,进入幻灯片母版视图,在功能区中会出现"幻灯片母版"选项卡,视图区为包含幻灯片母版和版式的缩略图。在视图区中,幻灯片母版和版式是成组出现的,母版左上角标有数字 1,2…,代表第几组母版,最上面那张较大的幻灯片为幻灯片母版,与之相关联的版式位于幻灯片母版下方,如图 8 – 23 所示。

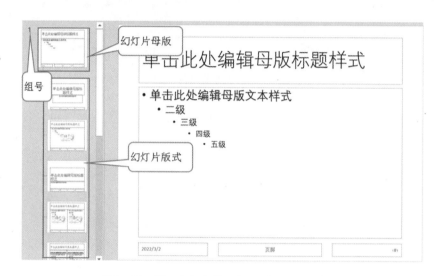

图 8 – 23　第 1 组幻灯片母版及其相关联的版式

8.5.2.1　母版设置

①插入母版。在"幻灯片母版"选项卡上的"编辑母版"选项组中单击"插入幻灯片母版"按钮,可以创建新的幻灯片母版及一组幻灯片版式,也可以对演示文稿中原有的幻灯片母版进行自定义修改。

②设置母版版式。在视图区选中要编辑的幻灯片母版,单击"幻灯片母版"选项卡上的"母版版式"选项组中的"母版版式"命令,弹出"母版版式"对话框,勾选需要在母版上显示的占位符后单击"确定"按钮,此时在母版上就会显示相应的占位符,如图 8 – 24 所示。

③设置主题。为了使幻灯片母版更加美观和丰富,可为其应用某种主题。在"幻灯片母版"选项卡上的"编辑主题"选项组中单击"主题"按钮,从下拉列表中为新幻灯片母版应用一个新的主题。

④设置背景。单击"幻灯片母版"选项卡上的"背景"选项组中的"背景样式"按钮,即可对背景进行设置。还可以通过"插入"选项卡上的功能,为幻灯片母版添加图片形状等对象,例如公司徽标。

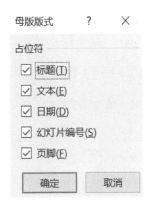

图 8-24　"母版版式"对话框

⑤占位符编辑。点击编辑区的占位符,出现"绘图工具"选项,点击"形状格式"分别对母版上的这些文本占位符进行形状样式和文本样式的设置。同时,也可以对占位符的大小和位置进行调整,使得幻灯片母版的布局更加个性化。可以通过按 Delete 键的方式删除某个文本占位符。

⑥调整大小。在"幻灯片母版"选项卡上的"大小"选项组中单击"幻灯片大小"按钮,从下拉列表中选择"自定义幻灯片大小"命令,在弹出的"幻灯片大小"对话框中可以改变幻灯片母版的大小和方向。

8.5.2.2　版式设置

①插入版式。在视图区母版下面按回车键,或者单击右键,在弹出的快捷菜单中选择"插入版式"命令,在当前位置插入一张默认名称为"自定义版式"的新版式。如果想在某版式的基础上进行修改来创建一个新版式,可以先选中该版式,在右键快捷菜单中单击"复制版式"命令,在该版式的下面将插入一个该版式的副本。

②编辑版式。同样可以利用"主题""背景"来装饰版式。

③插入占位符。新建版式后,可以在编辑区中对该版式进行设计和编辑,主要通过添加、删除占位符和修改占位符样式等操作来完成。如图 8-25 所示,点击"插入占位符"按钮,并从下拉列表中选择一种,即可在幻灯片中插入该占位符,再在此基础上进行修改。

④编辑占位符。可利用"绘图工具"的"形状格式"对版式中的占位符进行编辑。

8.5.2.3　重命名

母版和版式的重命名操作是一样的。具体方法如下:

①在视图区中,选中某个自定义母版或版式,在"幻灯片母版"选项卡上的"编辑母版"选项组中单击"重命名"按钮;或者右键单击选中的版式,从弹出的快捷菜单中单击"重命名版式"命令,打开"重命名版式"对话框。

②在"版式名称"文本框中输入版式的新名称,然后单击"重命名"按钮,即可完成版式的重命名。

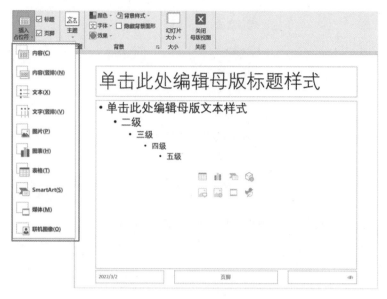

图 8 – 25　幻灯片插入占位符

8.5.2.4　保存与关闭母版

①在"文件"选项卡上单击"另存为"命令,打开"另存为"对话框。

②在该对话框中的"文件名"文本框中输入文件名。

③在"保存类型"下拉列表中选择"PowerPoint 模板(＊. potx)",如图 8 – 26 所示。

④单击"保存"按钮,在新建演示文稿时就可以调用该模板了。

⑤在"幻灯片母版"选项卡上的"关闭"选项组中单击"关闭母版视图"按钮,可关闭母版。

图 8 – 26　将包含自定义母版的演示文稿保存为模板

8.5.2.5 母版复制

在一份演示文稿中设计好的幻灯片母版,除了可以保存为模板外,还可以直接复制到其他演示文稿中使用。

①将两个演示文稿同时打开,并都切换到幻灯片母版视图下。

②在第一个演示文稿的视图区中,右键单击要复制的幻灯片母版,从弹出的快捷菜单中单击"复制"命令。

③在"视图"选项卡上的"窗口"选项组中单击"切换窗口"按钮,从下拉列表中选择要向其中粘贴幻灯片母版的演示文稿。

④在第二个演示文稿的视图区最下面位置单击鼠标右键,从弹出的快捷菜单中选择"粘贴选项"下的"保留源格式"图标。整个复制过程如图8-27所示。

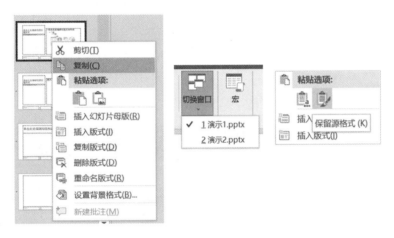

图8-27 在两份演示文稿之间复制幻灯片模板

8.6 使用 SmartArt 图形

8.6.1 插入 SmartArt 图形

8.6.1.1 普通视图插入 SmartArt

①在普通视图中,点击"插入"选项卡的"插图"选项组的"SmartArt"按钮,弹出"选择SmartArt 图形"的对话框,如图8-28所示。从左侧的选项框中选择"列表"类型,在中部选项框中选择"水平项目符号列表"SmartArt 图形的缩略图,右侧将显示选中图形的样例和注解,点击"确定"插入到幻灯片。

②在编辑区中,点击新插入的 SmartArt 图形的左侧按钮,弹出文本窗格,在此按级别输入文字,图形内对应的文本框中会直接显示相应文字,如图8-29所示。

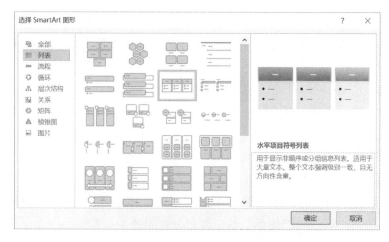

图 8 - 28　通过内容占位符插入 SmartArt 图形

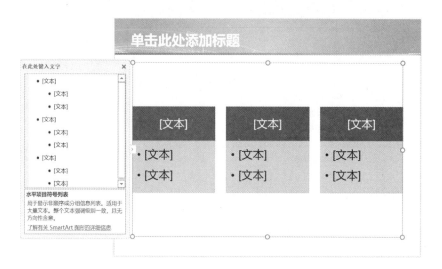

图 8 - 29　插入 SmartArt 图形并编辑文本内容

8.6.1.2　母版视图插入 SmartArt

①打开母版视图,在视图区点击一个幻灯片版式,在"幻灯片母版"选项卡中,选择"母版版式"选项组的"插入占位符"按钮,在弹出的对话框中,选择"SmartArt"图标。

②在编辑区,点击该 SmartArt 占位符,并点击"插入"选项卡的"插图"选项组的"SmartArt"按钮,进行 SmartArt 图形的插入。

8.6.1.3　将文本转换为 SmartArt 图形

①在文本框和可以输入文本内容的其他形状中输入文本,调整好文本的级别。

②选中文本并在文本上单击鼠标右键,在弹出的快捷菜单中选择"转换为 SmartArt"命令。

③从打开的图形列表中选择合适的 SmartArt 图形,如图 8 - 30 所示插入一个"蛇形图片重点列表"SmartArt 图形。

图 8 – 30　插入一个"**蛇形图片重点列表**"**SmartArt** 图形

8.6.2　编辑 SmartArt 图形

插入 SmartArt 图形并选中后,将会出现"SmartArt 工具|设计"和"SmartArt 工具|格式"两个选项卡,利用这两个选项卡上的工具可以对 SmartArt 图形进行编辑和修饰。

8.6.2.1　添加形状

选中 SmartArt 图形中的某一形状,在"SmartArt 工具|设计"选项卡上的"创建图形"选项组中单击"添加形状"按钮,即可添加一个相同的形状。

8.6.2.2　编辑文本和图片

选中幻灯片中的 SmartArt 图形,左侧显示文本窗格,可在其中添加、删除和修改文本,通过 Tab 键和 Shift + Tab 组合键,或者"创建图形"选项组中的相关命令,或者右键菜单命令,可改变文本的级别或调整上下位置。

8.6.2.3　使用 SmartArt 图形样式

在"SmartArt 工具|设计"选项卡上的"布局"选项组中单击"重新布局"按钮可以重新选择图形;单击"SmartArt 样式"选项组中的"更改颜色"按钮可以快速改变图形的颜色搭配,如图 8 – 31(a)所示;利用"SmartArt 样式"选项组中的"快速样式"列表可以改变设计样式,如图 8 – 31(b)所示。

8.6.2.4　重新设计 SmartArt 形状样式

SmartArt 图形相当于一个组合图形,内部的各个图形都可以根据需要单独调整样式,使得图形显示更具有灵活性。选中 SmartArt 图形中的某一个形状,通过"SmartArt 工具|格式"选项卡上的"形状样式"选项组中的相关工具,可以对该形状的颜色、轮廓、效果等重新进行设计,如图 8 – 32 所示。

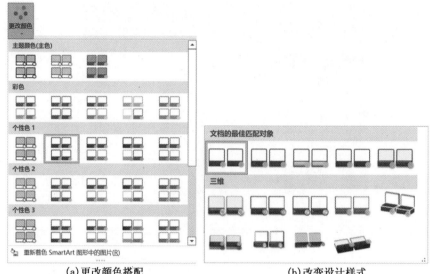

(a)更改颜色搭配　　　　　　　　(b)改变设计样式

图 8 – 31　重新设计 SmartArt 图形的颜色与样式

还可以利用"SmartArt 工具 | 设计"选项卡上的"重置"选项组中的"转换"命令,将 SmartArt 图形转换为文本,或者将 SmartArt 图形转换为形状(实为图形组合)。

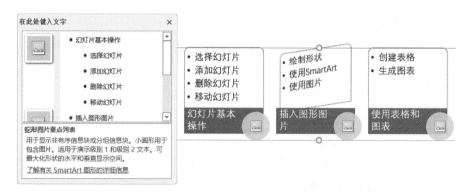

图 8 – 32　重新设计 SmartArt 图形的形状样式

8.7　综　合　案　例

8.7.1　案例描述

创建一个如图 8 – 33 所示的 PowerPoint 演示文档,该文档首先需要自己创建母版,然后应用该模板,编辑幻灯片内容。最后,在一页幻灯片中还需要插入 SmartArt 图,并对该图进行编辑和设计。

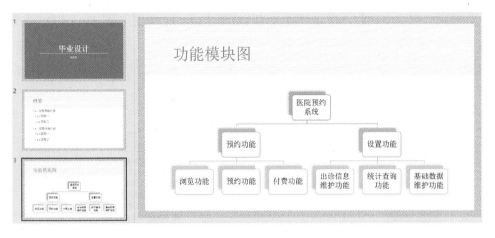

图 8 - 33　案例图示

8.7.2　流程设计

案例流程如图 8 - 34 所示。

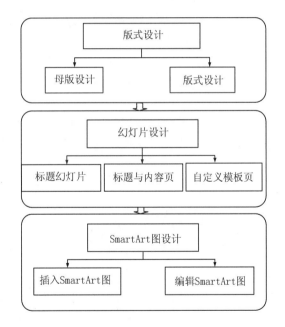

图 8 - 34　案例流程

8.7.3　详细操作

8.7.3.1　版式设计

1. 母版设计

①打开空白 PowerPoint,在"视图"选项卡上,选择"母版视图"选项组中的"幻灯片母版",将视图切换到"幻灯片母版"。

②选中视图区的母版,点击"幻灯片母版"选项卡,点击"编辑主题"选项组的"主题"按钮,在弹出框中选中名称为"基础"的主题,如图 8 – 35(a)所示。

③选中视图区的母版,点击"幻灯片母版"选项卡,点击"背景"选项组的"颜色"按钮,在弹出框中,选中"蓝绿色"颜色,如图 8 – 35(b)所示。

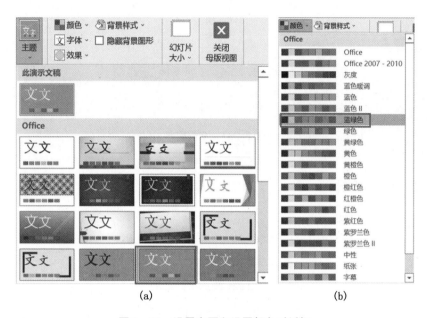

(a)   (b)

图 8 – 35 设置主题和设置颜色对话框

④选中视图区的母版,点击"幻灯片母版"选项卡,点击"背景"选项组的"背景样式"按钮,在右侧的任务窗格中,设置背景格式,进行图案填充,如图 8 – 36 所示。

图 8 – 36 设置背景格式

⑤选中视图区的母版,点击"插入"选项卡,选择"插图"选项组的"形状"按钮,在弹出框中,选择矩形框,移动到如图 8 – 37 所示位置,并对其进行图案填充。

图 8-37　设置形状格式

⑥在母版编辑区,选中文本样式里面的内容,选择"开始"选项卡,点击"字体"选项组的增大字号按钮,如图 8-38(a)所示,点击两次,则所有层次的字体均增大了两次。点击"开始"选项卡,选择"段落"选项组的行距按钮,如图 8-38(b)所示,在弹出对话框中点击"1.5"按钮,即将行距调整为 1.5。

(a)　　　　　　　　　　(b)

图 8-38　调整字体大小和段落

⑦点击视图区中幻灯片母版,在"幻灯片母版"选项卡中,点击"母版版式"按钮,弹出"母版版式"对话框,如图 8-39 所示,只选择"标题"和"文本"。

图 8-39　设置母版版式

2. 版式设计

①在左侧的视图区中,除了前两张版式之外,将其他版式删除,并在最后一张版式后按"Enter"键,插入新版式。

②点击新插入版式,选择"幻灯片母版"选项卡,点击"母版版式"选项组的"插入占位符"按钮,在弹出对话框中,点击"SmartArt"选项,并在编辑区添加 SmartArt 占位符,如图 8 - 40 所示。

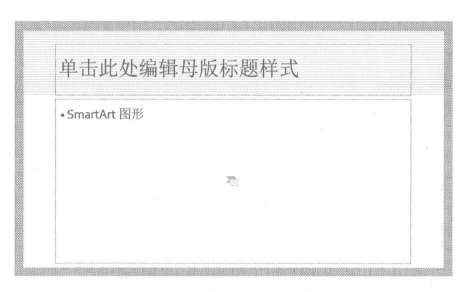

图 8 - 40　添加 SmartArt 占位符

3. 保存母版并关闭母版视图

①在"文件"选项卡上单击"另存为"命令,打开"另存为"对话框。在该对话框中的"文件名"文本框中输入文件名"Excel 母版",在"保存类型"下拉列表中选择"PowerPoint 模板(∗.potx)",单击"保存"按钮。

②在"幻灯片母版"选项卡上的"关闭"选项组中单击"关闭母版视图"按钮。

8.7.3.2　幻灯片基本操作

1. 标题幻灯片设计

PowerPoint 第一页是标题幻灯片,在相对应的位置输入信息,如图 8 - 41 所示。

2. 标题和内容页设计

在视图区,第一页后点击回车,自动生成内容页,输入信息,如图 8 - 42 所示。

3. 自定义版式页设计

在视图区,第二页后点击回车,自动生成内容页,点击"开始"选项卡,点击"幻灯片"选项组的"版式"按钮,在弹出对话框中,选择"自定义版式",该版式为添加 SmartArt 图的页面,在其标题框中输入"功能模块图",如图 8 - 43 所示。

毕业设计
张胜利

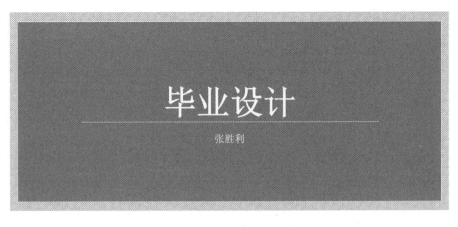

图 8-41 编辑"标题幻灯片"

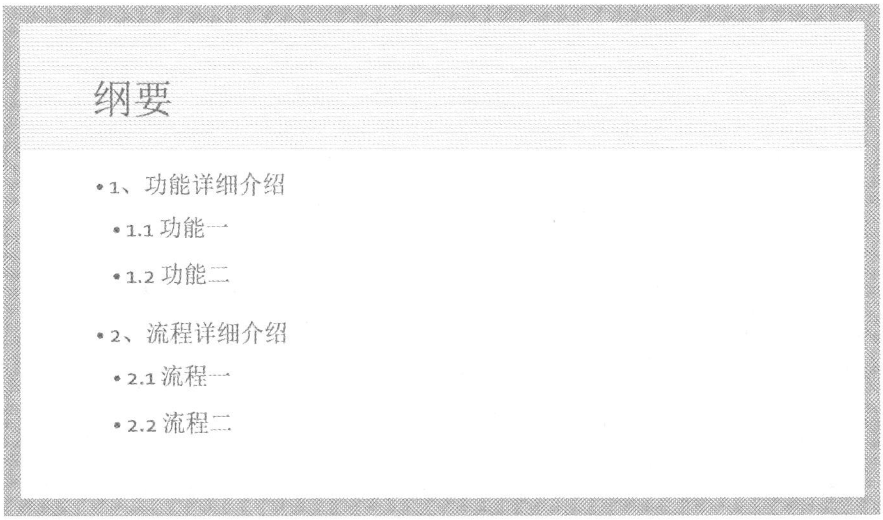
纲要
• 1、功能详细介绍
• 1.1 功能一
• 1.2 功能二
• 2、流程详细介绍
• 2.1 流程一
• 2.2 流程二

图 8-42 编辑"标题和内容页"

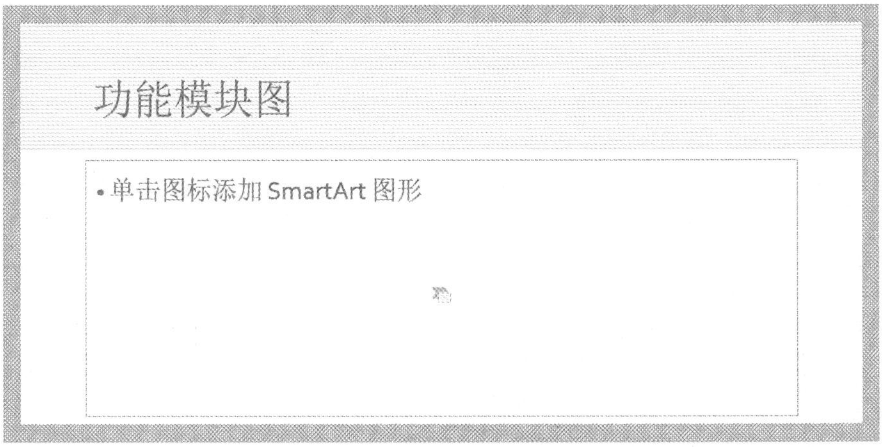
功能模块图
• 单击图标添加 SmartArt 图形

图 8-43 编辑"自定义版式页"

8.7.3.3 SmartArt 图设计

1. 插入 SmartArt 图

①点击"插入"选项卡,选择"插图"选项组的"SmartArt"按钮,在弹出对话框的左侧框中选择"层次结构",中间框中选择"层次结构",如图 8－44 所示。

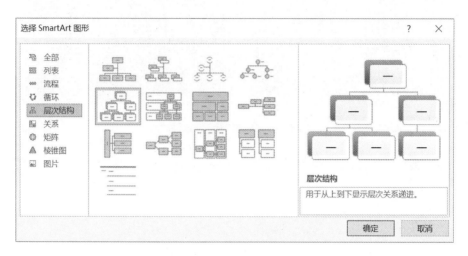

图 8－44　选择 SmartArt 图形对话框

②在编辑区中放入 SmartArt 图。

2. 编辑 SmartArt 图

①点击"SmartArt 工具|SmartArt 设计"选项卡,选择"SmartArt 样式"选项组,点击"更改颜色按钮",在弹出的对话框中,选择"透明渐变范围——个性5",如图 8－45(a)所示。

②点击"SmartArt 工具|SmartArt 设计"选项卡,选择"SmartArt 样式"选项组,点击"白色轮廓"的样式,如图 8－45(b)所示。

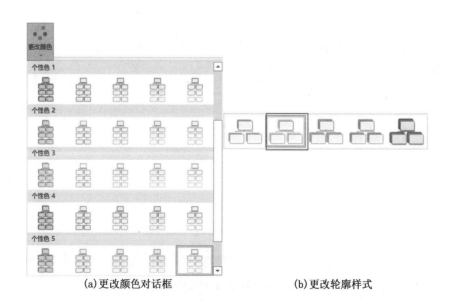

(a)更改颜色对话框　　　　　　　(b)更改轮廓样式

图 8－45　更改 SmartArt 样式

③在编辑区中,点击新插入的 SmartArt 图形的左侧按钮,弹出文本窗格,在此按级别输入文字,如图 8 - 46 所示,图形内对应的文本框中会直接显示相应文字。

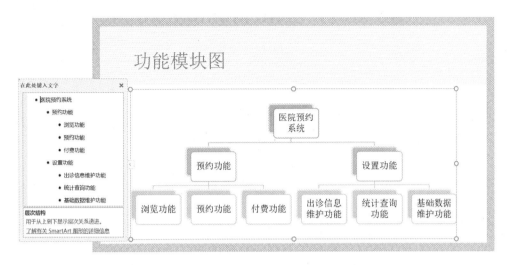

图 8 - 46　SmartArt 文本窗格填写内容

第9章　PowerPoint 动态效果设置

PowerPoint
动态效果设置

本章介绍 PowerPoint 动态效果设置功能,包括音频、视频的操作、动画效果的操作、链接跳转的操作等。通过本章的学习,读者不仅能够加深理解 PowerPoint 可以在幻灯片中嵌入声音和视频,可以为幻灯片的各种对象设置放映动画效果,使得放映演示变得更加生动和富有感染力,而且能够善于利用 PowerPoint 动态效果设置功能,方便、快捷地动态演示文稿。

9.1　概念及意义

PowerPoint 应用程序提供了动态效果制作功能,制作者不仅可以在幻灯片中嵌入声音和视频,还可以为幻灯片的各种对象设置动画效果,为每张幻灯片设置切换效果等。PowerPoint 设置了动态效果,放映演示时将会更加生动和富有感染力。

9.1.1　PowerPoint 动态效果设置的定义

动态效果是相对于静态效果而言的,静态效果的显示效果基本上不会发生变化,而动态效果则不然,显示的内容是可以随着时间、动作或者触发事件而发生改变的。

PowerPoint 静态效果设置主要是幻灯片的版式设置、主题和背景的设置、SmartArt 图的设置等,这些都是静态的展现方式,要想让演示文稿更加生动,需要添加动态效果。

PowerPoint 为动态效果设置提供了丰富的元素,主要包括音频的设置、视频的设置、动画效果的设置、幻灯片切换效果的设置,以及幻灯片链接跳转的设置等。

9.1.2　PowerPoint 动态效果设置的意义

①让页面上不同含义的内容有序呈现。当页面上有多件事或有多个段落、层次时,可以配合演讲时的节奏通过添加自定义动画让内容依次呈现。

②强调页面上的重点内容。当前页面上的重点,除了字号、颜色等设计上的强化外,还可以单独添加动画来进行强调。

③引起关注。页面上的多数内容是静态的,若对其中的部分内容添加一个自定义动画,使内容呈现方式更加生动,很容易引起观众注意。

9.2　主要内容

9.2.1　认识幻灯片音频和视频

幻灯片播放时,可以播放音频,如背景音乐、提示音、旁白和解释性语音等。播放音频的方式有很多,比如在显示幻灯片时自动播放、在单击鼠标时开始播放、还可以循环连续播放直至停止放映等。

在幻灯片中插入或链接视频文件,可以大大丰富演示文稿的内容和表现力,可以直接将视频文件嵌入到幻灯片中,也可以将视频文件链接至幻灯片。

9.2.2　认识幻灯片的动画效果

为演示文稿中的文本、图片、形状、表格、SmartArt 图形和其他对象,添加动画效果可以使幻灯片中的这些对象在放映的过程中按一定的规则和顺序进行特定形式的呈现,赋予它们进入、退出、大小或颜色变化甚至移动等视觉效果,既能突出重点,吸引观众的注意力,又使放映过程生动有趣和富于交互性。

9.2.3　认识幻灯片的切换效果

幻灯片的切换效果是指演示文稿放映时幻灯片进入和离开播放画面时的整体视觉效果。PowerPoint 提供多种切换样式,设置恰当的切换效果可以使幻灯片的过渡衔接更为自然,提高演示的吸引力。

9.2.4　认识幻灯片的链接跳转

幻灯片放映时可以通过使用超链接和动作按钮来增加演示文稿的交互效果。通过超链接和动作,可以将当前放映的幻灯片跳转到其他幻灯片或者外部文件、程序和网页上,起到演示文稿放映过程的导航作用,或者加载其他外部内容的效果。

9.2.5　认识演示文稿的保护和管理

演示文稿的制作是一项设计性、创新性工作,形成的成果可能属于知识产权、商业秘密或者隐私的范畴,需要进行保护。演示文稿可以通过"标记为最终状态""用密码进行加密""限制访问"和"添加数字签名"功能对文档进行不同级别的保护。

9.3　音频和视频操作

9.3.1　音频设置

9.3.1.1　添加音频

将音频剪辑嵌入到演示文稿幻灯片中的方法如下。

①选择需要添加音频对象的幻灯片。

②在"插入"选项卡上的"媒体"选项组中单击"音频"按钮。

③打开的下拉列表会有两种选择,单击"PC上的音频",即在本地浏览音频,并进行添加;单击"录制音频",打开"录制声音"对话框,在"名称"框中输入音频名称,单击"录制"按钮开始录音,此时会利用电脑的麦克风进行现场录音,单击"停止"按钮结束录音,单击"播放"按钮可以对录制的音频进行试听,如图9-1所示,单击"确定"按钮关闭对话框,并将音频对象插入幻灯片中。

图9-1　"录制声音"对话框

④插入幻灯片上的音频对象以喇叭的图标形式显示,拖动该声音图标可移动其位置,如图9-2所示。选择声音图标,其下会出现一个播放条,单击播放条的"播放/暂停"按钮可在幻灯片上对音频剪辑进行播放预览。

图9-2　音频对象

9.3.1.2　设置播放方式

①在幻灯片上选择声音图标。

②在"音频工具|播放"选项卡上的"音频选项"选项组中打开"开始"下拉列表,列表中有"单击时"和"自动"两个选项,从中设置音频播放的开始方式,如图9-3所示。其中,单击"自动",将在放映该幻灯片时自动开始播放音频剪辑;单击"单击时",可在放映幻灯片时通过单击音频剪辑来手动播放。

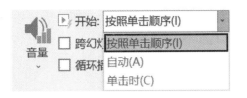

图9-3　音频选项的开始下拉列表

③勾选"跨幻灯片播放"复选框,音频播放将不会因为切换到其他幻灯片而停止。

④勾选"循环播放,直到停止"复选框,将会在放映当前幻灯片时连续播放同一音频剪辑直至手动停止播放或者转到下一张幻灯片为止。

⑤如果在"音频样式"选项组中单击"在后台播放"按钮,则在"音频选项"选项组中"开始"被设置为"自动",而且"跨幻灯片播放""循环播放,直到停止"和"放映时隐藏"3个复选框将同时被勾选。

9.3.1.3　隐藏音频图标

如果不希望在放映幻灯片时观众看到声音图标,则可以将其隐藏起来。

①单击幻灯片中的声音图标。

②在"音频工具|播放"选项卡上的"音频选项"选项组中勾选"放映时隐藏"复选框。

③当将音频剪辑的"开始"方式设置为"单击时"播放时,隐藏声音图标后将不能播放声音。

9.3.1.4　剪辑音频

有时插入的音频文件很长,但实际只需播放音频的某个片段即可,这时可以通过"剪辑音频"的功能来实现。

①在幻灯片中选中声音图标。

②在"音频工具|播放"选项卡上,单击"编辑"选项组中的"剪裁音频"按钮。

③在随后打开的"剪裁音频"对话框中,通过拖动播放进度条左侧的绿色起点标记和右侧的红色终点标记,或者通过"开始时间"和"结束时间"的设置来确定需要播放音频片段的起止位置即可,如图9-4(a)所示。

④单击"确定"按钮完成修剪。

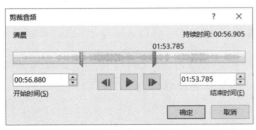　

(a)剪裁音频对话框　　　　　(b)淡化持续时间设置

图9-4　剪裁音频对话框

⑤如果在"音频工具|播放"选项卡上的"编辑"选项组中设置了"淡化持续时间",如图

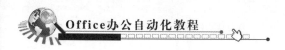

9-4(b)所示的"渐强"和"渐弱"都设置为 5 s,则在播放该音频片段时,前 5 s 的音量将由小提升到正常,后 5 s 则逐步降低音量直至消失。

9.3.1.5 删除音频

在普通视图中,选择包含要删除音频剪辑的幻灯片,单击选中声音图标,然后按Delete 键。

9.3.2 视频设置

9.3.2.1 插入视频

①在"插入"选项卡上的"媒体"选项组中单击"视频"按钮。

③从打开的下拉列表中选择视频来源,其中,单击"PC 上的视频",即在本地浏览视频,并插入;单击"联机视频",可以从视频网站上插入视频。

④视频对象以类似于图片的形态插入幻灯片之后,可以通过拖动方式改变其位置和大小。

⑤选中视频对象,其下方会出现一个播放条,单击播放条的"播放/暂停"按钮可在幻灯片上预览视频。

9.3.2.2 设置播放选项

选中视频对象,通过"视频工具|播放"选项卡上的各项工具可设置视频播放方式,其操作方法与设置音频播放选项的方法基本相同,其中:

①在"视频选项"选项组中,打开"开始"列表,指定视频在演示的过程中以何种方式启动,可以"自动"播放视频也可以在"单击时"再播放视频。

②在"视频选项"选项组中单击选中"全屏播放"复选框,可以在放映演示文稿时让播放中的视频填充整个幻灯片(屏幕)。

③在"视频选项"选项组中单击选中"未播放时隐藏"复选框,这样在放映演示文稿时可以先隐藏视频不播放,做好准备后再播放。

④在"视频选项"选项组中单击选中"循环播放,直到停止"复选框,可在演示期间持续重复播放视频。

⑤在"编辑"选项组中单击"剪裁视频"按钮,在"剪辑视频"对话框中通过拖动最左侧的绿色起点标记和最右侧的红色终点标记重新确定视频的起止位置,如图 9-5 所示。

9.3.3 多媒体元素的压缩和优化

音频和视频等多媒体文件通常来说比较大,嵌入幻灯片之后可能导致演示文稿过大,通过压缩媒体文件,可以提高播放性能并节省磁盘空间。

9.3.3.1 压缩媒体大小

①打开包含音频文件或视频文件的演示文稿。

②在"文件"菜单中选择"信息"命令,在右侧单击"压缩媒体"按钮,打开下拉列表。

③在该下拉列表的"演示文稿质量""互联网质量"和"低质量"3 个选项中,单击某一媒体的质量选项,该质量选项决定了媒体所占空间的大小。系统弹出"压缩媒体"对话框,自

动开始对演示文稿中的媒体进行该质量级别的压缩处理,如图9-6所示。

图9-5　对视频的开头和结尾进行裁剪

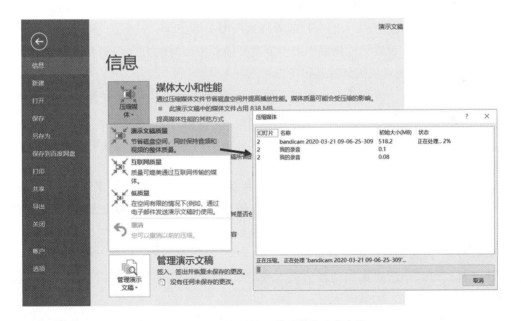

图9-6　压缩多媒体文件以节省磁盘空间

9.3.3.2　优化媒体文件的兼容性

当希望与他人共享演示文稿,或者将其随身携带到另一个地方,或者打算使用其他计算机进行演示时,包含视频或音频文件等多媒体的 PowerPoint 演示文稿在放映时可能会出现播放问题,通过优化媒体文件的兼容性可以解决这一问题,保证幻灯片在新环境中也能

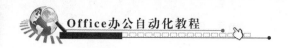
正确播放。

①打开演示文稿,在"文件"菜单上单击"信息"命令。

②如果在其他计算机上播放演示文稿中的媒体或者媒体插入格式可能引发兼容性问题时,则右侧会出现"优化兼容性"选项。该选项可提供可能存在的播放问题的解决方案摘要,还提供媒体在演示文稿中的出现次数列表。单击"优化兼容性"选项按钮,弹出"优化媒体兼容性"对话框,对需要兼容性优化的媒体自动进行优化。

9.4　设置动画效果的操作

PowerPoint 为对象添加和设置动画,是通过功能区的"动画"选项卡和浮动任务窗格中的"动画窗格"提供的功能命令得以实现的。

9.4.1　添加动画

可以将动画效果应用于个别幻灯片上的文本或对象、幻灯片母版上的文本或对象,或者自定义幻灯片版式上的占位符。

9.4.1.1　动画效果类型

PowerPoint 提供了以下 4 种不同类型的动画效果。

①"进入"效果。设置对象从外部进入或出现在幻灯片播放画面的方式。例如,可以使对象逐渐淡入焦点、从边缘飞入幻灯片或者跳入视图中等。

②"退出"效果。设置播放画面中的对象离开播放画面时的方式。例如,使对象飞出幻灯片、从视图中消失或者从幻灯片旋出等。

③"强调"效果。设置在播放画面中需要进行突出显示的对象,起强调作用。例如,使对象缩小或放大、更改颜色或沿着其中心旋转等。

④动作路径。设置播放画面中的对象路径移动的方式。例如,使对象上下移动、左右移动或者沿着星形或圆形图案移动。

对某一文本或对象,可以单独使用任何一种动画,也可以将多种效果组合在一起。例如,可以文本应用"飞入"的进入效果的同时,应用"放大/缩小"强调效果,使它飞入的同时逐渐放大。

9.4.1.2　为文本或对象应用动画

①选择幻灯片中需要添加动画的文本或对象,例如选中一个形状、一个图片或一段文本等。

②在"动画"选项卡上的"动画"选项组中单击动画样式列表右下角的"其他"按钮,打开动画效果列表,如图 9 - 7 所示。

图9-7 动画效果列表

③从中单击选择所需的动画效果。如果没有在列表中找到合适的动画效果,可单击下方的"更多进入效果""更多强调效果""更多退出效果"或"其他动作路径"命令,在随后打开的对话框中可查看更多效果,如图9-8所示。

图9-8 更多动画效果

图9-8(续)

④在"动画"选项卡上的"预览"选项组中单击"预览"按钮,可对本张幻灯片的所有动画进行预览播放。

9.4.1.3 对单个对象应用多个动画效果

可以为同一对象应用多个动画效果,操作方法是:

①选择要添加多个动画效果的文本或对象。

②通过"动画"选项卡上的"动画"选项组中的动画效果列表为其应用第一个动画效果。

③在"动画"选项卡上的"高级动画"选项组中单击"添加动画"按钮,如图9-9所示。

④打开下拉列表,为其添加第二个动画效果,以此类推。

图9-9 添加多个动画

9.4.1.4 利用动画刷复制动画设置

利用"动画刷"功能,可以轻松、快速地将一个或多个动画从一个对象通过复制的方式应用到另一个对象上。操作方法是:

①在幻灯片中选中已应用了动画的文本或对象。

②在"动画"选项卡上的"高级动画"选项组中选择"动画刷"按钮。

③单击另一文本或对象,原动画设置即可复制到该对象。双击"动画刷"按钮,则可将同一动画设置复制到多个对象上。

9.4.1.5 移除动画

①单击包含要移除动画的文本或对象。

②在"动画"选项卡上的"动画"选项组中的动画列表中单击"无";或者在幻灯片中选择该对象,此时动画窗格的动画列表中将突出显示该对象的所有动画,可以逐个删除或同时选中后删除。

9.4.2 为动画设置效果选项、计时或顺序

为对象应用动画后,可以进一步设置动画效果、动画开始播放的时间、播放速度及调整动画的播放顺序等。

9.4.2.1 设置动画效果选项

①在幻灯片中选择已应用了动画的对象。

②在"动画"选项卡上的"动画"选项组中单击"效果选项"按钮。

③从下拉列表中选择某种或多种动画细节效果。不同的对象、不同的动画类型可用果选项是不同的,如图9-10(a)和图9-10(b)动画的选项列表就有明显不同,也有部分动画类型不能进一步设置效果选项。

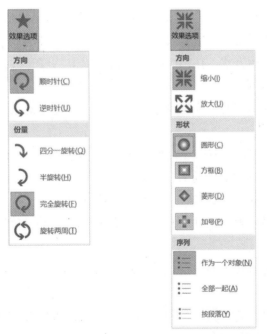

　　　(a) "陀螺旋"动画效果选项　　　(b) "形状"动画效果选项

图9-10　为不同的动画效果设置效果选项

④单击"动画"选项组右下角的对话框启动器按钮,将会根据所选效果弹出相应的效果设置对话框。不同的动画效果可能打开不同的对话框,如图9-11所示。在该对话框中,可进一步对效果选项进行设置,并可指定动画出现时所伴随的声音效果。

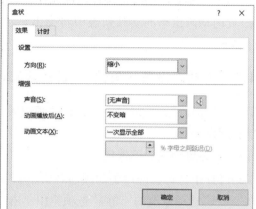

(a)"陀螺旋"动画的效果选项对话框　　　(b)"形状"动画的效果选项对话框

图9-11　在对话框中进一步设置动画的效果选项

9.4.2.2　为动画设置计时

在幻灯片中选择某一应用了动画的对象或对象的一部分之后,可以通过"动画"选项卡上的相应工具为该动画指定开始方式、持续时间或者延迟计时。

①为动画设置开始方式。在"计时"选项组中单击"开始"右侧的下拉列表框,选择"单击时""与上一动画同时"和"上一动画之后"中的一种,作为选中动画的启动方式。

②设置动画将要运行的持续时间。在"计时"选项组中的"持续时间"框中输入持续的秒数。

③设置动画开始前的延时。在"计时"选项组中的"延迟"框中输入延迟的秒数。

④单击"动画"选项组右下角的"对话框启动器"按钮,在随后打开的如图9-12所示的对话框中单击"计时"选项卡,可进一步设置动画计时方式。

⑤在动画窗格的动画列表中,能够很直观地了解每个动画的启动方式、持续时间和延迟时间。

a.播放顺序。动画列表的一行代表一个动画,列表从上到下的顺序就是动画播放的顺序。

b.动画类别。矩形框的颜色代表了动画的类别,如黄色为"强调",绿色为"进入",红色为"退出","蓝色"是动作路径。

c.启动方式。动画前面有数字表示动画启动方式为"点击开始";没有数字,有两种可能,一种是"从上一项开始",另一种是"从上一项之后开始",如图9-13所示,"椭圆8"前没有数字,表示它不是"点击开始"。(a)图中,"椭圆8"的矩形框与上一个动画"等腰三角形7"的矩形框左侧是左对齐,表示"从上一项开始",即两者同时运行,而(b)图中"椭圆8"的矩形框要靠后,表示"从上一项之后开始"。

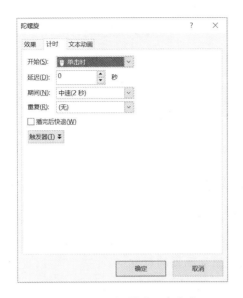

图 9 - 12　"计时"选项卡内容

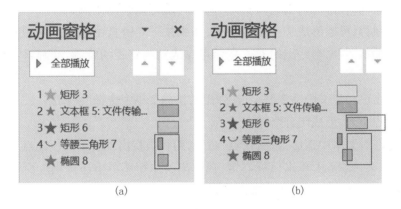

图 9 - 13　动画窗格

d. 持续时间。矩形框的长短表示动画的持续时间,矩形框越长表明动画持续时间久,动作越慢;矩形框越短表明动画持续时间少,动作越快。

e. 延迟。如图 9 - 13(a)中"矩形 6"是与其他矩形框左对齐的,没有延迟,而 9 - 13(b)图中"矩形 6"明显靠后,表明它是有延迟的,而且越靠后表明延迟的时间越长。

⑥通过单击每个动画条的最右侧下拉按钮弹出的下拉菜单能快捷地设置启动方式、效果选项和计时等参数。

9.4.2.3　调整动画顺序

当一张幻灯片设置了多个动画效果时,默认情况下动画是按照设置的先后顺序进行播放的,但也可以根据需要改变动画播放的顺序。

①选中应用了动画的文本或对象。

②在"动画"选项卡上的"计时"选项组中,选择"对动画重新排序"下的"向前移动",使当前动画前移一位;选择"向后移动",则使当前动画后移一位,如图 9 - 14 所示。

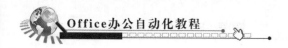

对动画重新排序

▲ 向前移动

▼ 向后移动

图9-14 调整动画顺序

9.4.3 自定义动作路径

系统预设了丰富的"动作路径"类型的动画。为了满足个性化设计需求,可以通过自定义路径来设计对象的动画路径。自定义动画的动作路径的方法如下。

①在幻灯片中选择需要添加动画的对象。

②在"动画"选项卡上的"动画"选项组中单击"其他"按钮,打开动画列表。

③在"动作路径"类型下单击"自定义路径"。

④将鼠标指向幻灯片上,当光标变为"+"时,就可以绘制动画路径了。通过不断地移动位置并单击鼠标,可以形成一个折线路径,如果按下左键自由拖动,再松开左键,则可以绘制一条自由曲线路径,至终点时双击鼠标可完成动画路径的绘制,动画将会按路径预览一次。

⑤右键单击已经定义的动作路径,在弹出的快捷菜单中选择"关闭路径"可以使原先绘制的终点与起点重合,形成闭合路径。

⑥如果在右键菜单中选择"编辑顶点"命令,路径中将出现若干黑色顶点。拖动顶点可移动其位置:在某一顶点上单击鼠标右键,在弹出的快捷菜单中选择相应命令可对路径上的顶点进行添加、删除、平滑等修改操作,如图9-15所示。

(a)   (b)

图9-15 自定义动画的动作路径

如果为有动作路径的对象再添加一个新的动画效果,并将其设置为"与上一动画同时",则可以在幻灯片放映过程中,在可以获得移动对象的同时又可以呈现特定的效果。

9.4.4　通过触发器控制动画播放

触发器用于控制幻灯片中已经设定的动画或者媒体的播放。触发器可以是形状、图片、文本框等对象，其作用相当于一个按钮。在演示文稿中设置好触发器功能后，单击触发器将会触发一个操作，该操作可以是播放多媒体音频、视频、动画等，也可以是音频或视频剪辑中的某一个书签，当音频或视频播放到该书签的位置时，触发另一个对象的动画或者视频和音频的播放。

9.4.4.1　图形对象作为触发器

利用形状、文本框、艺术字、图片、SmartArt 图形等图形对象作为触发器，控制动画、音频和视频的播放，方法如下：

①在幻灯片中选一个已经设置好动画效果的对象，如本案例中，选中了"矩形 3"，选择"动画"选项卡"高级动画"选项组中的"触发"按钮，弹出下拉菜单，鼠标移动到"单击"项上会在右侧弹出一个包含本张幻灯片所有对象的列表，在列表中选择用于触发器的对象，如图 9－16 所示，选中"矩形 6"。

②此时的动画窗格会出现触发器行，如图所示，意思是说，要想触发"矩形 3"的动画，需要单击"矩形 6"。

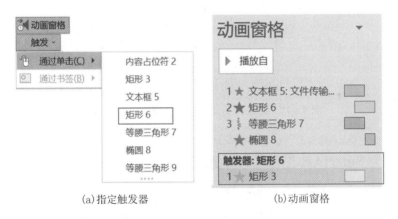

(a)指定触发器　　　　　　　　　　(b)动画窗格

图 9－16　为幻灯片上的对象

9.4.4.2　书签作为触发器

利用音频剪辑或视频剪辑中设置的书签作为触发器，也可以控制动画、音频和视频的播放。在幻灯片放映过程中，当音频或视频播放到书签标记的位置时，可以触发动画播放，或者另外一个音频、视频的播放。其具体方法如下：

①插入书签。在幻灯片中插入一个音频或视频对象。以音频对象为例，选中该对象，在其下显示的播放控制条的进度上单击并按住鼠标左键拖动到某一位置，在"音频工具|播放"选项卡上的"书签"选项组中单击"添加书签"命令，此时会在音频对象播放进度条的当前位置插入一个小圆点（黄色圆点表明当前选中书签，否则为白色圆点），即为书签标志，同时"添加书签"命令失效，"删除书签"命令变为有效，可以利用它来删除某个选中的书签，如

图 9－17 所示。

图 9－17　音频中插入的书签

②选择触发器。在幻灯片中选中另外一个对象，可以是音频、视频或者一个已经设置好动画效果的对象，单击"动画"选项卡"高级动画"选项组中的"触发"按钮，在其下拉菜单中将鼠标移动到"通过书签"项上，右侧将弹出书签的列表，选择某个书签，即将该书签设置为播放对象的触发器，此时动画窗格如图 9－18 所示，添加了触发器，其含义是当我的录音运行到书签的位置，才会触发"等腰三角形 9"的动画。

(a)　　　　　　　　　　　(b)

图 9－18　为幻灯片上的对象指定"书签"触发器

9.4.5　为 SmartArt 图形添加动画

SmartArt 图形是一类特殊的对象，它以分层次的图示方式展示信息。因为其中文本或图片为分层显示，所以可以通过应用并设置动画效果来创建动态的 SmartArt 图形，以达到进一步强调或分阶段显示各层次信息的目的。

可以将整个 SmartArt 图形制成动画，或者只将 SmartArt 图形中的个别形状制成动画。例如，可以创建一个按级别飞入的组织结构图。不同的 SmartArt 图形布局，可以应用的动画效果也可能不同。当切换 SmartArt 图形布局时，已添加的任何动画都会传送到新布局中。

9.4.5.1　为 SmartArt 图形添加动画并设置效果选项

其设置与为文本或其他对象添加动画的方法相同，但是由于 SmartArt 图形的特殊结构，其效果选项有特殊的设置方式。

①单击选中要应用动画的 SmartArt 图形。

②在"动画"选项卡上"动画"选项组的动画列表中选择某一动画。

③在"动画"选项卡上的"动画"选项组中单击"效果选项"按钮。在弹出的下拉列表

中,下半部分有"作为一个对象""整批发送""逐个""一次级别"和"逐个级别"5个选项,如图9-19所示,单击选中其中一个选项,即可获得相应的动画播放效果,同时在动画窗格的动画列表中显示对应的播放顺序和组合。

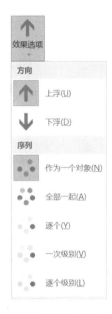

图9-19　为SmartArt图形设置更丰富的动画效果选项

9.4.5.2　为SmartArt图形中的个别对象添加动画效果

可以为SmartArt图形组合中的个别形状单独指定不同的动画。方法如下:

①选中SmartArt的图形,为其应用某个动画,如"飞入"

②在"动画"选项卡上的"动画"选项组中单击"效果选项",然后选择"逐个"命令。

③在"动画"选项卡上的"高级动画"选项组中单击打开"动画窗格"。

④在"动画窗格"列表中,单击"展开"图标按钮,将SmartArt图形中的所有形状显示出来。

⑤在"动画窗格"列表中单击选择某一形状,在"动画"选项卡上的"动画"选项组中为其应用另一动画效果。如图9-20所示,将三个图形对象的动画改为了"强调"类型。

9.4.5.3　颠倒SmartArt动画的顺序

①在幻灯片中,选中要颠倒顺序播放动画的SmartArt图形。

②在"动画"选项卡上的"动画"选项组中单击"飞入"动画类型。

③单击"效果选项"命令,在弹出的对话框中,单击"SmartArt动画"选项卡,选中"倒序"复选框,如图9-21所示。

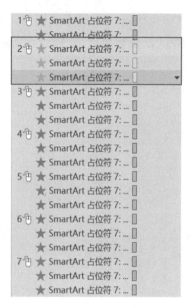

图 9 – 20 　SmartArt 图个别对象设置动画窗格列表　　　　图 9 – 21 　SmartArt 图形动画效果对话框

9.5 　设置幻灯片切换效果

9.5.1 　向幻灯片添加切换方式

①选择要添加切换效果的一张或多张幻灯片,如果选择节名,则同时为该节的所有幻灯片添加统一的切换效果。

②在"切换"选项卡上的"切换到此幻灯片"选项组中打开切换方式列表,从中选择一个切换效果。

③如果希望全部幻灯片均采用该切换方式,可单击"计时"选项组中的"应用到全部"按钮。

④在"切换"选项卡上的"预览"选项组中单击"预览"命令,可预览当前幻灯片的切换效果。

9.5.2 　设置幻灯片切换属性

幻灯片切换属性包括效果选项、换片方式、持续时间和声音效果,如可设置"自左侧"效果,"单击鼠标时"换片、"打字机"声音等。

①选择已添加了切换效果的幻灯片。

②在"切换"选项卡上的"切换到此幻灯片"选项组中单击"效果选项"按钮,在打开的下拉列表中选择一种切换属性。不同的切换效果类型可以有不同的切换属性,如图 9 – 22 所示。

③在"切换"选项卡上的"计时"选项组右侧可设置换片方式。其中,"设置自动换片时间"表示经过该时间段后自动切换到下一张幻灯片。

④在"切换"选项卡上的"计时"选项组左侧可设置切换时伴随的声音。单击"声音"框右侧的黑色三角箭头,在弹出的下拉列表中选择一种切换声音;在"持续时间"框中可设置当前幻灯片切换效果的持续时间。

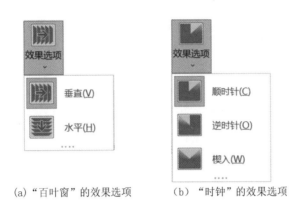

(a)"百叶窗"的效果选项　　　（b）"时钟"的效果选项

图 9 – 22　不同切换效果对应不同的效果选项

9.6　幻灯片的链接跳转

9.6.1　创建超链接

可以为幻灯片中的文本或形状、艺术字、图片、SmartArt 图形等对象创建超链接。

①在幻灯片中选择要建立超链接的文本或对象。

②在"插入"选项卡上的"链接"选项组中单击"链接"按钮,打开"插入超链接"对话框。

③在左侧的"链接到"下方选择链接类型,在右侧指定需要链接的文件、幻灯片、新建文档信息或电子邮件地址等,如图 9 – 23 所示。

图 9 – 23　为文本或对象创建超链接

④单击"确定"按钮,在指定的文本或对象上添加超链接,其中带有链接的文本将会突出显示并带有下划线。在放映时鼠标移动至带链接的文本或对象上时,会变成手型图标,单击该链接即可实现跳转。

若要改变超链接设置,可右键单击设置了超链接的对象,在弹出的快捷菜单中选择"编辑超链接",可在弹出的对话框中重新进行设置或者删除超链接;单击"取消超链接",则可删除已创建的超链接。

9.6.2　设置动作

可以将演示文稿中的内置按钮形状作为动作按钮添加到幻灯片,并为其分配单击鼠标或鼠标移过动作按钮时将会执行的动作。还可以为图片或 SmartArt 图形中的文本等对象分配动作。添加动作按钮或为对象分配动作后,在放映演示文稿时通过单击鼠标或鼠标移过动作按钮完成幻灯片跳转、运行特定程序、播放音频和视频等操作

9.6.2.1　添加动作按钮并分配动作

①在"插入"选项卡上的"插图"选项组中单击"形状"按钮,然后在"动作按钮"分组下单击要添加的按钮形状。

②在幻灯片上的某个位置单击并通过拖动鼠标绘制出按钮形状。

③当放开鼠标时,弹出"操作设置"对话框,在该对话框的"单击鼠标"或"鼠标悬停"选项卡中设置该按钮形状关联的触发操作,如图 9 - 24 所示。

④若要播放声音,应选中"播放声音"复选框,然后选择动作发生时要播放的声音。

⑤单击"确定"按钮完成设置。

图 9 - 24　"操作设置"对话框

9.6.2.2　为图片或其他对象分配动作

①选择幻灯片中的文本、图片或者其他对象。

②在"插入"选项卡上的"链接"选项组中单击"动作"按钮,打开"操作设置"对话框。

③在对话框中设置动作的效果,选择动作发生时要播放的声音。

④单击"确定"按钮完成设置。

9.7　保护与管理演示文稿

9.7.1　将演示文稿标记为最终状态

完成演示文稿的制作后,可以将其标记为最终状态,此时演示文稿将处于只读状态,不可编辑修改,起到了一定的保护文档作用。方法如下:

①在"文件"菜单的"信息"选项卡上单击"保护演示文稿"按钮。

②在弹出的下拉菜单中单击"标记为最终状态"命令,将弹出一个确认对话框,单击"确定"按钮后屏幕将弹出一个含义为"文档已被标记为最终状态"的信息提示对话框,同时在工作窗口功能区的下方会出现一条黄色的提示防止编辑信息,如图9-25所示。

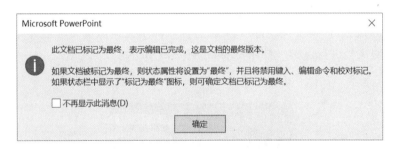

图9-25　"文档已被标记为最终状态"的信息提示对话框

9.7.2　用密码保护演示文稿

为了避免演示文稿被非法打开或内容泄露,可以通过密码保护的方式对演示文稿进行保护。PowerPoint 在打开演示文稿文件时会要求输入密码,密码输入正确后才能加载该演示文稿的内容。方法如下:

①在"文件"菜单的"信息"选项卡上单击"保护演示文稿"按钮。

②在弹出的下拉菜单中单击"用密码进行加密"命令。

③在弹出的"加密文档"对话框的"密码"编辑框中输入要设置的密码,单击"确定"按钮。

④再次弹出一个"确认密码"对话框,输入同样的密码后单击"确定"按钮,即可完成演示文稿密码的设置。

此时,打开一个用密码保护的演示文稿,在加载演示文稿内容之前会出现如图9-26所示的"密码"对话框,只有输入正确密码并单击"确定"按钮,演示文稿内容才会被加载。

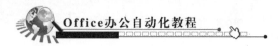

密码 ? ×

输入密码以打开文件

概念.pptx

密码(P): [ ]

确定 取消

图9-26 密码保护的演示文稿打开时要求输入密码

如果想取消演示文稿的密码保护,那么在正确打开该演示文稿后,单击"用密码进行加密"命令,在弹出的"加密文档"对话框的"密码"编辑框中删除所有数据,然后单击"确定"按钮即可删除密码。

9.8 综合案例

9.8.1 案例描述

在"素材.pptx"演示文稿中,共有三张页面,分别是"封面页""纲要页"和"功能模块图"页,利用音频设置、动画设置、切换效果设置为该演示文稿添加交互性操作,最后利用设置密码的方式对文档进行保护。具体要求如图9-27所示。

图9-27 交互性操作要求

9.8.2 流程设计

具体流程设计如图 9 – 28 所示。

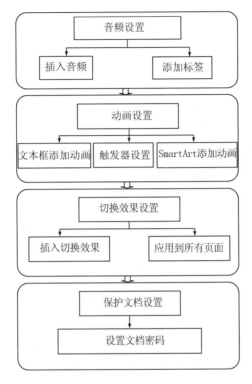

图 9 – 28 流程设计

9.8.3 操作步骤

9.8.3.1 音频设置

①打开"素材. pptx"。

②打开"纲要"页,点击"插入"选项卡,选择"媒体"选项组,点击"音频"按钮,在弹出列表框中,选择"PC 上的音频",在弹出的插入音频对话框中找到音频文件,如图 9 – 29 所示。。

③设置音频。选中音频,点击"音频工具丨播放"选项卡,在"音频选项"组中勾选"跨幻灯片播放"选项,如图 9 – 30 所示。

④添加书签。选中音频,并进行播放,大约播放到 13 秒时,点击"音频工具丨播放"选项卡,在"书签"选项组中,点击"添加书签"按钮,音频添加书签结果如图 9 – 31 所示。

9.8.3.2 设置动画

①打开"纲要"页,选中"内容"文本框,点击"动画"选项卡,选择"动画"选项组,点击"脉冲"动画类型。

②点击"效果选项"按钮,在弹出列表中,选择"作为一个对象"选项,如图 9 – 32 所示。

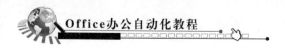

③选中"内容"文本框,点击"动画"选项卡,选中"高级动画"选项组,点击"触发"按钮,在弹出对话框中学则"通过书签",再选择之前定义的音频书签,如图9－33所示。

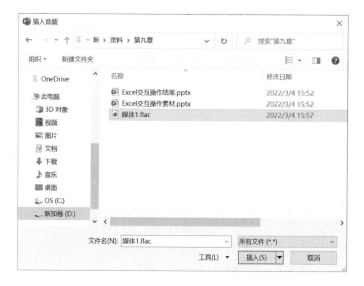

图9－29　插入音频对话框

图9－30　音频选项设置

图9－31　音频添加书签

图9－32　文本框动画的效果选项

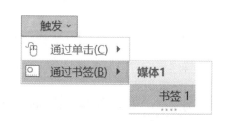

图9－33　设置触发器出发方法

④在视图区,选中"功能模块图"页,选中 SmartArt 图,点击"动画"选项卡,选择"动画"选项组,点击"飞入"动画选项,单击"效果选项",在弹出列表中选择"一次级别",如图 9 - 34 所示。

图 9 - 34　SmartArt 图的效果选项

9.8.3.3　设置切换效果

①选中"封面"页,点击"切换"选项卡,选中"切换到此"选项组,选择"百叶窗"切换类型。

②点击"切换"选项卡,选中"计时"选项组,点击"应用到全部"按钮。

9.8.3.4　保护文档

①打开"文件"选项卡的"信息"页。

②点击"保护演示文档"按钮,在弹出框中选择"用密码进行加密",在"加密文档"对话框中输入密码,密码为"123",并再次输入密码"123",确认并保存。

参考文献

[1] 教育部考试中心. 全国计算机等级考试二级教程:MS Office 高级应用与设计(2021 年版)[M]. 北京:高等教育出版社,2021.

[2] 凤凰高新教育. Office 2016 完全自学教程[M]. 北京:北京大学出版社,2017.

[3] 张宁. 玩转 Office 轻松过二级[M]. 3 版. 北京:清华大学出版社,2019.

[4] IT 教育研究工作室. Word + Excel + PPT + PS + 移动办公完全自学视频教程 5 合 1[M]. 北京:中国水利水电出版社,2019.

[5] IT 新时代教育. Word Excel PPT 应用与技巧大全[M]. 2 版. 北京:中国水利水电出版社,2020.

[6] IT 教育研究工作室. Word Excel PPT Office 2019 办公应用三合一:案例·视频·全彩版[M]. 北京:中国水利水电出版社,2020.

[7] 秋叶,神龙. 秋叶 Office:Word Excel PPT 办公应用从新手到高手[M]. 北京:人民邮电出版社,2019.

[8] 未来教育. 2020 年全国计算机等级考试一本通:二级 MS Office 高级应用[M]. 北京:人民邮电出版社,2020.

[9] 云图教育. 全国计算机等级考试上机专项题库:二级 MS Office[M]. 北京:北京理工大学出版社,2021.

[10] 秋叶. 和秋叶一起学 Word[M]. 3 版. 北京:人民邮电出版社,2020.

[11] 周庆麟,周奎奎. 精进 Word 成为 Word 高手[M]. 北京:北京大学出版社,2019.

[12] 秋叶 黄群金 章慧敏. 和秋叶一起学 Excel[M]. 2 版. 北京:人民邮电出版社,2020.

[13] 李锐. 跟李锐学 Excel 数据分析[M]. 北京:人民邮电出版社,2021.

[14] 藤井直弥,大山啓介. Excel 最强教科书(完全版)[M]. 王娜,李利,祁芳芳,译. 北京:中国青年出版社,2019.

[15] 曾令建. Excel 效率手册[M]. 北京:人民邮电出版社,2019.

[16] 未来教育. Excel 函数与公式应用大全案例视频教程[M]. 北京:中国水利水电出版社,2020.

[17] 金桥,周奎奎. 30 天精学 Excel:从菜鸟到数据分析高手[M]. 北京:人民邮电出版社,2020.

[18] 刘霞. Excel 高效办公应用全能手册:案例 + 技巧 + 视频[M]. 北京:北京理工大学出版社,2022.

[19] MICHAEL A,DICK K,JOHN W. 中文版 Excel 2019 宝典[M]. 10 版. 赵利通,梁原,译. 北京:清华大学出版社,2019.

[20] 凤凰高新教育. Excel 数据可视化之美:商业图表绘制指南[M]. 北京:北京大学出版

社,2021.

[21]　Excel Home. Excel 2016 函数与公式应用大全[M]. 北京:北京大学出版社,2018.

[22]　神龙工作室. Excel 高效办公:数据处理与分析[M]. 3 版. 北京:人民邮电出版社,2020.

附　录

附录1　教学建议

章节	培养目标	学时
第1章 Word 文档规范化操作	**知识目标:**掌握文档规范化的定义、意义及其所包含的操作内容,理解样式、分节、题注等操作对于文档规范化的作用。 **能力目标:**熟练掌握 Word 样式设计,页眉、页脚设计,目录设计等操作技能,能够对毕业设计文档、说明书、书籍等文档进行规范化操作,能设计操作步骤,并进行熟练的实操。 **情感目标:**能领悟到文档是与他人进行信息沟通的桥梁,对文档进行规范化,能够让读者更好地理解所要表述的内容。	4学时
第2章 Word 文档美化操作	**知识目标:**掌握文档美化的定义、意义及其所包含的操作内容,理解页面布局、图形图片及表格设计对于美化文档的意义。 **能力目标:** 熟练掌握页面布局、图形图片设计、表格设计等操作技能,能够对个人简历、广告画报等文档进行美化操作,能设计操作步骤,并进行熟练的实操。 **情感目标:**能够领悟到美化的文档,往往寄托了作者深厚的情感,是最能打动人的。对文档进行美化,既抒发了自己的情感,也陶冶了他人的情操。	1学时
第3章 Word 批量制作	**知识目标:**掌握 Word 批量制作的定义、意义及其所包含的操作内容,理解邮件合并对于批量制作的作用。 **能力目标:**熟练掌握邮件合并的操作技能,能够对奖状、邀请函等文档进行批量制作,能设计其操作步骤,并进行熟练的实操。 **情感目标:**文档批量制作需要提高工作效率,要善假于物,可达到事半功倍的效果。	1学时
第4章 Excel 数据编辑操作	**知识目标:**掌握 Excel 数据编辑的定义、意义及其所包含的操作内容,理解数据整理、数据修饰等操作对于数据编辑的意义。 **能力目标:**熟练掌握数据整理、数据修饰等操作技能,能够对初始数据表格进行编辑操作,能设计其操作步骤,并进行熟练的实操。 **情感目标:**初始数据往往存在瑕疵,数据编辑操作可帮助获取准确、规范的数据,为后续的数据分析奠定基础。	2学时

章节	培养目标	学时
第 5 章 Excel 数据计算与统计操作	**知识目标:**掌握 Excel 数据计算与统计的定义、意义及其所包含的内容,理解公式、函数及数组公式等操作对于数据计算与统计的意义。 **能力目标:**熟练掌握公式、函数及数组公式等操作技能,能够对学生成绩、工人工资等数据表格进行计算与统计,能设计其操作步骤,并进行熟练的实操。 **情感目标:**数据往往是微观的,要想从整体上把握事物特征,需借助数据计算与统计功能,既要从小事、细微处入手,也要着眼于整体。	2 学时
第 6 章 Excel 数据分析操作	**知识目标:**掌握 Excel 数据分析的定义、意义及其所包含的操作内容。理解 Power Query、排序筛选、分类汇总、透视表等操作对于数据分析的意义。 **能力目标:**熟练掌握 Power Query、排序筛选、分类汇总、透视表等操作,能够对事物的观察数据进行多方面、多角度的分析,能设计操作步骤,并进行熟练实操。 **情感目标:**只有多方面、多角度地观察事物状态,才能准确把握事物的运行特征。	2 学时
第 7 章 Excel 可视化操作	**知识目标:**掌握 Excel 可视化的定义、意义及其所包含的操作内容,理解 Excel 迷你图、图表等操作对于可视化的意义。 **能力目标:**熟练掌握迷你图、图表等操作,能够对数据进行可视化分析,能设计操作步骤,并进行熟练实操。 **情感目标:**对于复杂难懂的数据,用图表的方式能够更直观地呈现数据背后的信息。好的可视化能够快速发现规律,找到原因。	2 学时
第 8 章 PowerPoint 静态效果设置	**知识目标:**掌握 PowerPoint 静态设置的定义、意义及其所包含内容,理解主题与背景、版式等操作对于 PowerPoint 静态设置的意义。 **能力目标:**熟练掌握主题与背景、版式等操作,能够进行演示文稿的静态设计,并进行熟练实操。 **情感目标:**演示文稿是展示成果的重要形式,美观、大方的演示文稿可以让读者更愿意观赏作品,倾听阐述。	1 学时
第 9 章 PowerPoint 动态效果设计	**知识目标:**掌握 PowerPoint 动态设置的定义、意义及其所包含内容,理解音频、视频、动画、切换等操作对于 PowerPoint 动态设置的意义。 **能力目标:**熟练掌握音频、视频、动画、切换等操作,能够进行演示文稿的动态设计,并进行熟练实操。 **情感目标:**演示文稿的动态设计可以让展示内容变得更加生动、更易被理解,也会给读者留下深刻的印象。	1 学时

附录 2　课后习题

一、Word 操作

某大学组织专家对"学生成绩管理系统"的需求方案进行评审,为使参会人员对会议流程和内容有清晰的了解,需要会议会务组提前制作一份有关评审会的秩序手册。请根据考生文件夹下的文档"需求评审会.docx"和相关素材完成编排任务,具体要求如下:

1. 将素材文件"需求评审会.docx"另存为"评审会会议秩序册.docx",并保存于考生文件夹下,以下的操作均基于"评审会会议秩序册.docx"文档进行。

2. 设置页面的纸张大小为 16 开,页边距上下为 2.8 厘米、左右为 3 厘米,并指定文档每页为 36 行。

3. 会议秩序册由封面、目录、正文三大块内容组成。其中,正文又分为四个部分,每部分的标题均以中文大写数字一、二、三、四进行编排。要求将封面、目录及正文中包含的四个部分分别独立设置为 Word 文档的一节。页码编排要求为:封面无页码;目录采用罗马数字编排;正文从第一部分内容开始连续编码,起始页码为 1(如采用格式 – 1 –),页码设置在页脚右侧位置。

4. 按照素材中"封面.jpg"所示的样例,将封面上的文字设置为二号、华文中宋;将文字"会议秩序册"放置在一个文本框中,设置为竖排文字、华文中宋、小一;将其余文字设置为四号、仿宋,并调整到页面合适的位置。

5. 将正文中的标题"一、报到、会务组"设置为一级标题、单倍行距、悬挂缩进 2 字符、段前段后为自动,并以自动编号格式替代原来的手动编号。其他三个标题"二、会议须知""三、会议安排""四、专家及会议代表名单"格式,均参照第一个标题设置。

6. 将第一部分("一、报到、会务组")和第二部分("二、会议须知")中的正文内容设置为宋体五号字,行距为固定值、16 磅,左、右各缩进 2 字符,首行缩进 2 字符,对齐方式设置为左对齐。

7. 参照素材图片"表 1.jpg"中的样例完成会议安排表的制作,并插入到第三部分相应位置中。格式要求:合并单元格,序号自动排序并居中,表格标题行采用黑体。表格中的内容可从素材文档"秩序册文本素材.docx"中获取。

8. 参照素材图片"表 2.jpg"中的样例完成专家及会议代表名单的制作,并插入到第四部分相应位置中。格式要求:合并单元格,序号自动排序并居中,适当调整行高(其中样例中彩色填充的行要求大于 1 厘米),为单元格填充颜色,所有列内容水平居中,表格标题行采用黑体。表格中的内容可从素材文档"秩序册文本素材.docx"中获取。

9. 根据素材中的要求自动生成文档的目录并插入到目录页中的相应位置,将目录内容设置为四号字。

二、Excel 操作

小李是北京某学院教务处的工作人员,学院法律系提交了 2012 级四个法律专业教学班的期末成绩单,为更好地掌握各个教学班学习的整体情况,教务处领导要求她制作成绩分析表,供学院领导掌握宏观情况。请根据考生文件夹下的"素材.xlsx"文档,帮助小李完成2012级法律专业学生期末成绩分析表的制作。具体要求如下:

1.将"素材.xlsx"文档另存为"年级期末成绩分析.xlsx",以下所有操作均基于此新保存的文档。

2.在"2012级法律"工作表最右侧依次插入"总分""平均分""年级排名"列;将工作表的第一行根据表格实际情况合并居中为一个单元格,并设置合适的字体、字号,使其成为该工作表的标题。对班级成绩区域套用带标题行的"表样式中等深浅15"的表格格式。设置所有列的对齐方式为居中,其中排名为整数,其他成绩的数值保留1位小数。

3.在"2012级法律"工作表中,利用公式分别计算"总分""平均分""年级排名"列的值。对学生成绩不及格(小于60)的单元格套用格式突出显示为"黄填充色红色文本"。

4.在"2012级法律"工作表中,利用公式并根据学生的学号将其班级的名称填入"班级"列,规则为:学号的第三位为专业代码,第四位代表班级序号,即01为"法律一班",02为"法律二班",03为"法律三班",04为"法律四班"。

5.根据"2012级法律"工作表,创建一个数据透视表,放置于表名为"班级平均分"的新工作表中,工作表标签颜色设置为红色。要求数据透视表中按照英语、体育、计算机、近代史、法制史、刑法、民法、法律英语、立法法的顺序统计各班各科成绩的平均分,其中行为班级,为数据透视表格内容套用带标题行的"数据透视表样式中等深浅15"的表格格式,所有列的对齐方式设为居中,成绩的数值保留1位小数。

6.在"班级平均分"工作表中,针对各课程的班级平均分创建二维的簇状柱形图,其中水平簇标签为班级,图例项为课程名称,并将图表放置在表格下方的A10:H30区域中。

三、PowerPoint操作

为进一步提升北京旅游行业整体队伍素质,打造高水平、懂业务的旅游景区建设与管理队伍,旅游局将为工作人员进行一次业务培训,主要围绕"北京主要景点"进行介绍,包括文字、图片、音频等内容。

请根据考生文件夹下的素材文档"北京主要景点介绍-文字.docx",帮助主管人员完成制作任务,具体要求如下:

1.新建一份演示文稿,并以"北京主要旅游景点介绍.pptx"为文件名保存到考生文件夹下。

2.第一张标题幻灯片中的标题设置为"北京主要旅游景点介绍",副标题为"历史与现代的完美融合"。

3.在第一张幻灯片中插入歌曲"北京欢迎你.mp3",设置为自动播放,并设置声音图标在放映时隐藏。

4.第二张幻灯片的版式为"标题和内容",标题为"北京主要景点"。在文本区域中以项目符号列表方式依次添加下列内容:天安门、故宫博物院、八达岭长城、颐和园、鸟巢。

5.自第三张幻灯片开始按照天安门、故宫博物院、八达岭长城、颐和园、鸟巢的顺序依次介绍北京各主要景点。相应的文字素材"北京主要景点介绍-文字.docx"及图片文件均存放于考生文件夹下,要求每个景点介绍占用一张幻灯片。

6. 最后一张幻灯片的版式设置为"空白",并插入艺术字"谢谢"。

7. 将第二张幻灯片列表中的内容分别超链接到后面对应的幻灯片,并添加返回到第二张幻灯片的动作按钮。

8. 为演示文稿选择一种设计主题,要求字体和整体布局合理、色调统一,为每张幻灯片设置不同的幻灯片切换效果,为文字和图片设置动画效果。

9. 除标题幻灯片外,其他幻灯片的页脚均包含幻灯片编号、日期和时间。

10. 设置演示文稿放映方式为"循环放映,按 ESC 键终止",换片方式为"手动"。